JN232588

紡績企業の
破産と負債

米川伸一

日本経済評論社

はじめに

　日本経済は、1991年のバブル崩壊以後、現在に至るまで依然として不況を脱せずに、戦後最長の深刻な状況を迎えている。この間、多くの企業が多額の負債をかかえて、倒産あるいは倒産の危機に瀕している。このような事態が何故生じたのであろうか。これに対する解答はそう簡単には見出せない。もうしばらく時間がかかるように思われるのである。しかし、いずれにせよ、日本経済のバブルの発生過程から崩壊までの全過程を事実に即してつぶさに検討することが、原因究明にとって是非とも必要なことである。そのような意味をも含めて拙著は『紡績企業の破産と負債』と題し、紡績企業経営史を対象とした書物としては4冊目のものとして上梓される。

　さて筆者がこれまで研究を進めてきた紡績企業の歴史は、国際的・歴史的比較の対象として極めて興味ある諸問題を提示していると思われる。イギリス綿業においても、19世紀終わりから第1次世界大戦において紡績企業設立ブームが到来し、多くの企業が誕生した。さらに第1次世界大戦末期の好景気を背景に、物価上昇を引き起こし、大戦中のわずか3年間に資産価値は50％ほど増加した。このような事態を踏まえて、多くの綿業企業は資産の再評価を行い、資本の大幅な水増し、組織の改編、そして役員の交代を行った。これはあきらかにバブルであり、企業の存立を危うくするものであった。第1次世界大戦が終了し、とくに大不況をむかえる頃には軒並み綿業企業各社の経営は悪化し、その多くが破産、あるいは破産の危機に瀕することになった。第1次世界大戦終了後も依然としてイギリス経済の基幹産業であり続けた綿業の、バブルとその崩壊のプロセスを辿ることはイギリス経済史や経営史研究には大きな意味があろう。贅言するまでもなく、当時のイギリスの綿業の事態と今日の日本経済の抱える問題とを混同することは出来ないが、企業や企業家のとった戦略や行動

には普遍的、共通的なものが含まれているものと思われる。

すでに『東西繊維経営史』（同文舘、1998年）ではランカシャー紡績企業の経営史料の一部を紹介したが、本書はその続編をなすものである。

まず第1章は、筆者の20余年来の関心事である，比較経営史的観点から書いたものである．綿業は国際比較をするのに大変好都合な研究対象であることは言うまでもない。ここではイギリス、インド、アメリカ、そして日本の紡績企業の国際比較を再論したものである。

そして第2章では、戦前期の鐘紡、東洋紡、大日本紡における学卒職員の雇用実態を提示したものである。現代大企業においては企業内部の管理問題の解決が、発展の大きな鍵になる。その解決のためには組織の形成とともに、その組織に血肉を与える優秀な専門経営者の導入が重要になってくる。経営職能の有資格者として代置されてきた学卒者の相関度を瞥見して頂きたい。

第3章は筆者がこれまでの歴史研究にあたってどのような方法で資料収集を行ってきたか、その経緯を述べたものである。今まで入手出来なかった史料にも簡単に接することが出来る現代では、余程史実自身に対する好奇心が強い学徒でないと息切れせずにはおられないであろう。しかし史料の所在や性格、アプローチの方法などが少しでも参考になれば幸いである。恩師の故増田四郎先生からは、徹底して原典にあたり、一次史料を使う法を教えられ、出来るだけ多くのオリジナルな史料を分析し、それらの史料に沈潜して一定の傾向を探り出すという作業を行ってきた。既に、『東西紡績経営史』（同文舘、1997年）『東西繊維経営史』（同文舘、1998年）において、イギリスの紡績企業のケーススタディを取り上げてきたが、本書の第4章から8章においてもこれまで筆者がイギリスで集めた史料、とくに企業登記所（Company Registration Office）での史料を中心に記述している。したがって，本書は『東西繊維経営史』の続編という性格を持っている。

本書の研究の含意は、まずはイギリス綿業のブームとその後の破産のプロセスを出来るだけ多くの事例研究から考察することである。筆者がイギリスで集めた400社に達する史料の分析はまだ緒についたばかりであり、これらを全体

的に整理し、それを理論的に位置づけるためには、まだしばらく時間をかける必要がある。本書の各事例はいまだ研究途上の所産であることをあらかじめ断っておきたい。

　なお、本書の各章は後に示すような初出一覧の論文をベースにしたものである。再録にあたっては、必要最小限の修正にとどめている。

目　　次

はじめに ……………………………………………………………………… i

第 1 章　紡績企業成長の国際比較 ……………………………………… 1

第 2 章　戦前期三大紡績企業における学卒職員
　　　　　──設問・資料提示・解説の形式で── ……………… 35

第 3 章　綿業研究における史料的アプローチ ………………………… 65

第 4 章　ランカシャ紡績企業の定款・営業概観
　　　　（1900〜1920年）及び清算人報告書 ……………………… 99

第 5 章　ランカシャ紡績企業10社の清算人報告書 ………………… 135

第 6 章　1875年〜1885年に登記された 7 紡績企業の
　　　　ライフ・ヒストリー──倒産時の負債をみる── ……… 167

第 7 章　1907年に登記された 6 紡績企業のライフ・
　　　　ヒストリー──倒産時の負債とともに── ……………… 185

第 8 章　ランカシャ 9 紡績企業の解散時負債 ……………………… 201

あとがき …………………………………………………………………… 221
初出一覧 …………………………………………………………………… 225
索　　引 …………………………………………………………………… 227

第1章　紡績企業成長の国際比較[1]

1　はじめに

　本章は綿業に関する比較経営史研究の一環を構成するもので，紡績企業に見られる企業成長の国際比較とそこから明らかにされた諸事実の史的解明を意図したものである[2]．

　そもそも各国を通して流れる経営の一般的動向と各国に観察される個性的特質とは，現象の表裏を形成する．これを経営の国際比較の次元で表現すれば，「日本的経営」の特質とその解明は，各国における経営実態の解明と並行して進められて，初めてその実を結ぶことが出来る．これはそのまま史的研究においても妥当するのである．

　明治以降日本経済のたくましい成長力に関しては，最早通説となっており，経済史の分野でも世界的な関心を呼ぶに至っているが，本章の課題は必ずしもこのような動向から触発されたものではない．筆者の研究の原点は，あくまで各国の綿業企業の一次資料の解読から、一体何が議論の対象に価し得るのかを尋ねることであった．企業成長の問題は，この作業の中から紡績業における国際的対照の最も鮮烈な局面として，論ずるに価すると看做されたのである．そしてまたこの企業成長の考察においては，経営史の手法の利点が発揮され得るように考えられるのである．ここでいう経営史の手法とは，とりあえず経済現象を解明するに至って経営体（資本主義社会では私企業）から出発するという程度の意味である．国民経済や産業構造を形成するに当って細胞となるものは，それを構成している個々の私企業であるが，ここではそれが経営環境に対して能動的なものとして捉えられる．勿論，企業が国籍を持つ以上国家的規制（会社法・工場法・独禁法等々）は，企業の経営風土を構成する要因であり，それが企業行動を規定するのは疑いを入れないが，それとて永久に一定ではあり得ない．

　綿業史に手を染めて痛感されることは，既存の産業構造の中で経営環境に与えられた制約要因として受取り，受動的に行動する平均的経営者の支配する大

多数の企業と，むしろ常に革新的経営を指向する限界的・主導的企業の存在である．後者こそが急成長の結果大企業に成長し，各国の綿産業構造そのものの形成に主体的に参加するのである．この周知のシュンペーターの説いた視角には，現実には個々の企業の置かれた経営環境は夫々異なるのであるから，革新・模倣企業の区別は意味がないとする歴史家の反論がある[3]．モデルと実態との乖離は常に存在するということを念頭に置いた上で，シュンペーターの描いた資本主義像が最も現実に近いのが，綿業の世界であったように思われる．各国別に見れば，前述したように法的な，更には慣行的な経営環境は同一視し得るし，何よりも行論の示すように紡績企業自身特定の都市・地域に，時期的にも集中的に創立されたという事実が，革新・模倣企業の存在を暗示しているのではあるまいか，と思われるのである．

次に，本章で対象とする国と時期の限定をしておこう．日本の立場から，対象国としては19世紀末から第2次大戦前までアジア市場で互いに競いあったイギリス・アメリカ・インドそれに日本が選ばれる．紡錘数から見れば当該時期には他にロシアやドイツが含められて然るべきなのであるが[4]，今記した理由から4ケ国が選ばれた．アジア市場で競争関係にあったと言うのは，単にその事実から生まれる関心とは別に，少なくとも一部製品に関しては市場を同じくしたことを意味し，比較には格好な基盤を提供しているのである．

更に時期としては，今記したような時期，もう少し詳しく言えば，1870年以降が視座に据えられる．70年代とは，日本を除く各国で一般会社法が整備され，工業分野では初めて紡績業に，公開株式会社が大量に誕生した時期であり[5]，アジア市場での角逐の背後にあったものは，実は，この公開株式会社の形成の結果として生まれた製品の氾濫であった．ただ日本のみが，周知のように商法の公布・施行（1890・93年）に先立ってその準備過程と並行して80年代後半に紡績会社の創立ブームを迎えている．しかし，これとて会社法と全く無縁であったわけではない[6]．

更に，紡績企業成長の尺度の問題が論じられねばならない．企業成長には垂直統合に至る縦の成長と紡錘数の増加にもとづく横の成長，いわば深化と拡大

の両面がある．この成長の両面を一つの単位によって表現するには，総資本，従業員数，売上高などが想起されるが，これらは資料の利用可能性という点でまず問題がある．投下資本は本章でも一部試みられたが，全時期にわたり資料を揃えることは不可能であり，売上高は一般に全く知り得ない．資料上の制約を別としても，従業員は各国によって生産性に格段の開きがあり，これも企業成長の国際比較としては難点がある．結果として，最後に残りかつ慣行的にも広く用いられ，資料的にも制約の少ない紡錘数がここでは出発点として採用される[7]．ただ，これでは縦の成長が全く検討出来ないので，次に記されるように，二段の手続きを踏まねばならない．

ところで以上のような枠の中で，本章の場合各国において紡錘数においてせいぜい20位ぐらいまでの企業に関心が集中されよう（ただし付表に提示したのは，1～10位の企業のみである）．革新的企業は成長するから，出発点はともかく，もし革新的であり続ければ上位企業に上昇するであろう．各国の産業構造を規定する起動となるのは，このような企業であった．従って，本章の視角からこれら上位企業が専ら論じられるのは，見当はずれではない．しかしこの尺度に紡錘数を採ることは，縦の成長が著しい企業を見落す可能性を秘めている．現実的にはこの可能性が残るのはイギリスに関してのみであり，この国についてはランキングに入らないものも，つとめて個別的に留意される必要があろう．この作業の後に，次の作業として，これら統合的企業をも含めて，上位10企業の縦の成長が検討されることになる．これが前述した2段階に亘る手続きの意味である．

比較時点の問題に進もう．4ヶ国の綿業の通史を考慮した上で，単なる機械的等間隔における比較ではなく，4ヶ国の綿産業の環節となり得る時期が選ばれた．出発点の1884年は，イギリスの資料が整備された時で，それ以上の意味はない．日本を除く3ヶ国で最大の紡績企業設立ブームは既に経過しており，日本だけが1887～9年にそれに相当するブームを体験した．従って日本の場合のみは，当ブームに設立された企業の紡績施設が出揃った92年を比較の対象にした．次の97年はインドを除く各国で吹き荒れた合併運動の直前の状況を知ら

せてくれる．周知のように，紡績部門ではイギリスで翌98年に高番手生産企業33社の大合同 Fine Cotton Spinners' and Doublers' Association（付表ではF.C.S.D.A.と表記）が生誕している．アメリカでも若干の大合同が観察されたが，経営集権化に失敗し，短期間のうちに一連の再編成・縮少を余儀なくされた[8]．

次の1913年は大戦直前の状況を教えてくれる．イギリスでは大戦中に紡錘数の増加は止み，以降約6000万錘という高水準で20年代初頭まで推移する．アメリカでもニュー・イングランドにおいては第1次大戦直後にその頂点に達したが，南部での増加が30年代まで続いたため，その頂点は1925年に刻まれることになる[9]．これに対し，インドと日本の紡錘合計は増加を続け，特に前者は第2次大戦後にまで及んでいる．日本の増加速度はインドより速く，35年にはこれを抜き去った．しかし戦時経済に入る37～8年がピークであり，その時約1,150万錘を数えた．この戦間期に対しては29年に訪れた世界不況の前年と，日本が頂点を刻んだ38年が比較の対象として選ばれた．

ところで，本章で国際比較の対象とされるものは，企業成長であって企業規模ではないことに注意を喚起しておきたいと思う．肝腎なのは過程であり，その結果はそれとの係わりにおいてのみ意味を持つ．企業規模（size of firms）に関する限り，イギリスとインドの紡績業は格好の対象として20世紀初頭以来両国において活発に論議されてきたのである．アシュトン（T.S.Ashton），ロブソン（R.Robson），メータ（M.M.Mehta）などの学究がこれに参加したが[10]，当時はマーシャル経済学の影響を色濃く受けて，論者の関心は専ら「代表的企業」representative firmの企業規模（＝適正規模）の存在が指摘され，時の経過と共に観察される規模拡大に関心が向けられた．一般に工場規模の増大とともに「生産の技術費用」（technical cost of production）は低減されるが「生産の経営費用」（managerial cost of production）は或る時点で逆に上昇に転ずるという前提で，その交点がその適正規模であるとされたのである[11]．

最近の成果では，企業の経営効率は若し適正な経営者資源と経営組織を与えられたならば，経営効率が低下するというような経営規模上の限界はない，と

いう前提が，実証研究に支えられて，措定されていることは周知のことといえよう[12]．だからこそ，企業は成長を持続することができるのである．ところで，今迄の企業規模の実証研究は常に特定時点における規模比較に関心を向けてきたけれども，特定期間の個別企業の成長過程に関して留意することはなかった．いうなれば点そのものに関心があり，点を結ぶ線には注目しなかった．イギリスでもインドでもこの点は同一であった．従って特定企業の成長パターンを通じて夫々の国の企業成長の典型的型を析出しようとする本章の視角とは，必ずしも同じではないことを強調したいのである．

　最後に資料に関係して一言．イギリスの「ウォラル紡織要覧」*Warrall's Cotton Spinners' and Manufacturers' Directory* は1882年から上梓され84年から記録の信憑性が高いものとなった．アメリカでは「ドッカム綿業要覧」*Dockham's American Report and Directory of Textile Manufacture and Dry Goods Trade* が1868年から出版されており，その後二，三同じ類のものが現われた[13]．両者は共に業者間の営業用便覧であるのに対し，インドと日本の記録として利用されたものは，ともに両国の紡績連合会（Mill Owners' Association，大日本紡績連合会）の編になるものである[14]．四者のうち後の二者，就中，日本の資料は企業別の記載になっていて利用するに最も便利である．これに対し前二者は地域別の記録であるので，これを企業別に組み変える手続きが必要になる．イギリスのように単一事業所企業（single unit firm）が大部分の国は，資料操作の煩雑は大きくはない．アメリカの場合は，時に可成煩雑である．またウォラルの要覧は，紡績機に関して多くの場合ミュール・リングの区別が明記されていない．この場合，通説を採って，ミュールと看做されよう[15]．またインドの場合，リングには旧式のスロスル紡績機が含まれていることを念頭に置く必要があろう[16]．

註
(1) 次註に示すように，筆者はここ数年間に10編の綿業企業経営に係わる論稿を発表してきた．本章はこのうち成長を論じた〔4〕・〔9〕・〔11〕を補足したものであり，〔4〕・〔9〕の記述よりも比較年次を広げ〔11〕で出来なかった資料批判その他を行

っている．なお本章では，その後気付いた可成の企業や数字が訂正されている．
(2) 紙幅の超過を避けるため，本章では脚註は最小限に留めた．またこれまでに発表した拙稿は以後次に付した番号によって略記してある．
  〔1〕「オルダム有限株式会社 Oldham Limiteds 成立前史」『ビジネス・レビュー』24-3, 1976年．
  〔2〕「オルダム綿紡績会社設立ブーム——1873～75——」『一橋論叢』77-6, 1977年．
  〔3〕「イギリス紡績株式会社の経営体質」『経営史学』14-2, 1978年．
  〔4〕「紡績業における企業成長の国際比較——イギリス，アメリカ，インド，日本 1870～1930——」『経済研究』29-4, 1978年．
  〔5〕「フォール・リヴァ紡織企業の形成と展開」『ヨーロッパ——経済・社会・文化』増田四郎先生古希記念論集，創文社，1979年．
  〔6〕「形成期インド紡績株式会社とその経営体質」『ビジネス・レビュー』28-3, 1980年．
  〔7〕「インド紡績株式会社における経営代理制度の定着過程」『一橋論叢』85-1, 1981年．
  〔8〕 "The Strategy and Structure of Cotton and Steel Enterprises in Britain, 1900-39" in K.Nakagawa(ed.), *The Proceedings of First Fuji Conference*, 1976.
  〔9〕 "The Growth of Cotton Spinninig Firms and Vertical Integration: A comparative study of U.K., U.S.A., India and Japan", *Hitotsubashi Journal of Commerce and Management*, Vol.14, No.1, 1979.
  〔10〕 "A Century of cotton Spinning Firms in Japan: A comparative View", *Bulletin of the Japan Society of London*, No.93-4, 1981.
  〔11〕 "The Growth of Cotton Spinning Firms: A Comparative Study" in A.Ohkochi and S.Yonekawa(ed.) *Textile Industry and Business Climate: The Proceedings of the Eighth Fuji Conference*, 1982.
(3) 第8回経営史国際会議におけるトリパッチ教授の筆者の報告に対するコメント．〔11〕39-40頁参照．
(4) ちなみに1880年の世界紡錘数は7,125万錘で，当時はイギリス・アメリカに次いでフランスが500万錘，ドイツが480万錘，ロシアが286万錘を数えた．その後ドイツとロシアは第1次大戦直前には夫々1,118万，912万錘にまで増加していた．
(5) この公開・非公開の区別は現実には截然としたものではない．
(6) 日本では商法制定の議論がようやく起こりつつあった時にブームを迎えた．
(7) 批判点として次の書物を参照のこと．S.D.Mehta, *The Indian Cotton Textile Industry: Econoimc Analysis*, 1953, pp.188-200.
(8) M.T.Copeland, *The Cotton Manufacturing Industry of the United States*, 1923, pp.161-170.

(9) ニュー・イングランド紡錘数は1922〜23年に1890万錘の頂点を刻み，南部諸州では，1934〜5年に1,930万錘で頂点を刻んだ．合衆国合計では1925年の3,790万錘である．

(10) S.J.Chapman and T.S.Ashton, "The Sizes of Business mainly in Textile Industries", *Journal of Royal statiscal Society*, Vol.LXXXII, 1914; T.S.Ashton, "The Growth of Textile Business in Oldham District, 1884-1924", *J. of R.S.Soc.*, 1926, pp.567-83; R.Robson, *The Cotton Industry in Britain*, 1957, pp.133-171; M.M.Metha, *The Structure of Cotton Mill Industry in India*, 1950, pp.1-217.; N.S.R.Sastry, "The Size of Cotton Mills in India", *Indian Journal of Economics* Vol.XIX, 1938, pp.19-32.etc. なお，産業革命期に関する最近の次の成果も参照のこと．J.A.Gatrell, Labour, Power, and the Size of Firmsin Lancashire Cotton in the Second Quarter of the Nineteenth Century, *Economic History Review*, 2nd Ser., Vol.XXX, 1977, pp.95-139; R.Lloyd-Jones and A.A.Leroux, "The Size of Firms in the Cotton Industry: Manchester 1815-41," *Ec.H.R.*, 2nd Ser., Vol.XXXIII, 1980, pp.72-82.

(11) P.W.S.Andrews, *Manufacturing Business*, 1949, p.252ff.; G.T.Gones, *Increasing Return*, 1933, p.245ff. 付言すれば，これら論者においても制約要因として，組織の問題はともかく経営者資源は常に認識されていたが，これが極めて開発不可能で固定的なものと看做されていたのである．

(12) 勿論これは一般論である．このような前提は，今世紀，就中，第2次大戦後における企業の巨大化という事実によって生まれたものといえよう．A.D.チャンドラーの書物，とりわけ鳥羽・小林訳『経営者の時代』全2巻（東洋経済新報社）参照．

(13) 付表の「資料」参照．20世紀以降に関しては，Textile World(ed.), *Textile Establishments in the United States, Canada, and Mexico* を利用している．

(14) (Bombay) Millowners' Association が Bombay Chamber of Commerce から独立したのは1875年であり，その後，年次報告の中に紡績工場一覧が収録されるようになり，更にその後その部分だけ「付録」として独立することになった．

(15) F.Jones, "The Cotton Spinning Industry in the Oldham, District from 1896 to 1914", M.A.Econ. Thesis, University of Manchester, 1959.

(16) ちなみに19世紀の Millowners' Association 年次報告付録とか，1910年の *Indian & Japanese Textile & Engineering Diary* の分類にはリングではなくスロスルが記されている．

2　紡績企業成長の析出：イギリス

1884年には10大企業の殆どがパートナーシップであり，かつ高番手生産企業

であった.10大企業は97年にも大きな変化を見せず,成長も極めて緩慢の一語につきる.ちなみに,中番手生産のオルダム公開株式会社は,付表1には現われないが両時点を通じ11～50位に多数位置している.84年の企業数が紡績専業と紡織統合を合わせて1,000を数えたことを想起すれば,これら企業は設立当初から,当時は大規模企業の名に価した.だからこそ小紡績・紡織企業は大戦に至る時期に徐々に駆逐されていったのである[1].一部の非公開株式会社,特に紡織統合企業が紡績数を増加させてランキングに登場している.Horrockses & Crewdsonは織布中心の2企業が1887年,合併により誕生した[2].Howe Bridgeは1867年に設立された公開会社で,極めて例外的な成長企業としてランキング入りを果たしている[3].両表では,この Howe Bridge と Middleton & Tonge のみが,当時,公開株式会社であった[4].

1913年になると,主として1890年代以降に新設された公開の5企業が新しく10大企業に進出して,Crosses & Winkworth を除く上位企業の交代が著しい.これら進出企業はいずれも高番手生産企業であり,F.C.S.D.A.が形成後高成長を止めたので,20世紀初頭の高番手需要増大に答えて陸続と創設されたものである.私企業(private company)は,成長が見られる前記 Horrockses を別とすればランキングから姿を消してゆく[5].28年にも20世紀初頭に新設された Swan Lane とか Laburham が顔を出し,また18年に登録され,10社を越える私会社の持株会社である Amalgamated Cotton Mills Trust Ltd.が第2位に位置することになる[6].20年代後半から構造的不況は益々深刻になったので,ランカシャの経営風土にも変化の兆しが見られた.38年の大企業群には,29年イングランド銀行の介入により産まれた低・中番手生産の水平大合同企業たる Lancashire Cotton Corporation,これに高番手生産の大合同たる Combined Egyptian Mills Ltd.を加えた4水平合同企業が上位を争そうに至っている[7].これら企業は一般に経営集権化に失敗し,所期の目標を全うすることは出来なかった[8].これに対し Crosses & Winkworth (Consolidated Mills) Ltd.と J.Hoyle は企業吸収戦略により成長した.前者は40万紡錘を擁する Crosses & Winkworth を中核とした持株会社であり,他の7企業がこれに参加していた[9].J.Hoyleは

ベカップ（Bacap）の由緒ある紡織統合企業であり，同族系企業の合同により成立した(10)．この2社は例外で，イギリスの企業合同には中核企業が存在しなかったという特徴が指摘できる．

　以上，付表に現われていない事実をも加味してイギリス紡績企業成長の特徴を述べると，私会社・公開会社を問わず紡績・紡織企業は1884年の1085を数えた企業から第1次大戦直前には約920という，減少傾向にもかかわらずなお厖大な企業群が輩出していた(11)．しかし，何よりも最上位企業群の構成の変化は著しく，常に新設企業が創立と同時に最上位群に進出していた．これは新設当初から大規模で出立することを意味しているが，彼らは先発企業が成長を止めた間隔を縫って割り込んできたものであった．換言すれば，通常，イギリス綿産業は，容易な参入→多数の企業→激烈な競争→成長の制約として産業構造上の特質を捉えられているが(12)，参入が容易な最大の理由は，既存企業に観察される成長の欠落と考えられるべきであろう．もう少し具体的に言えば，企業は一度工場敷地を購入してその敷地内に限度一杯に施設拡充を行なうと，それが即ち当該企業の成長の終焉であった．これが単一事業所企業の内実であった．従って後発企業が創立時点において最大企業に倣って規模を設定した時，それは直ちに上位群に割込むことを意味したのである．しかも，この国では企業合併は世界不況の到来に至るまで，極めて稀であった．

　他方，付表から観察する限り，紡織統合経営は次第にランキングから姿を消し，最後に Horrockses & Crewdson と J.Hoyle が残るのみになった．このようにこの国では垂直統合は支配的にならなかったが，これは統合経営の優位性を否定するものではない．上位中堅企業には国内市場を中心に，相対的繁栄を維持した企業が少なからず存在したことに留意すべきであろう．1897年に顔を出す Barlow & Jones，すぐこれに続く Ashton Brothers とか Tootal 或いは John Ryland などがこれに相当する(13)．最後に恐らく最小規模の統合企業 A. & A.Crompton に言及しておこう．オルダムの隣村ショウに位置したこの企業は，浸染綿布を東南ヨーロッパに輸出していたが，85年に漂白工場を新設し，更にブカレストに綿布製造のための海外工場を建設し，「クロンプトン」銘柄の製

品は地中海各国で広く知られるに至った[14].

註

(1) D.A.Farnie, *The English Cotton Industry and the World Market 1816-1896*, 1979, pp.272-3; 拙稿, [2], 615-16頁.
(2) Public Record Office, BT 31, 14866/2454/1-3.
(3) P.R.O., BT 31, 14399/3843/1-2. この企業は1867年に設立された時から114名の株主を記録し, その大部分が5株以下の株主であった. 73年, 83年, 89年と続けて増資して, 99年の株主は401名に達した.
(4) 「先駆企業」の一つであるMiddleton & Tongeは1860年に280名という多数株主を擁して発足した. 71年, 73年, 78年と続けて増資を行なって第2・第3工場を建設, 一時は表中に見られるように指折りの大企業に成長したが, 70年代末の不況の直撃を受け, 以後経営は振わず, 94年に清算人が指定された. その時588名の株主は殆んどが零細株主であった. P.R.O., BT 31, 14313/1796/31.
(5) ちなみにこれら3つの表に収録された企業はすべてオルダム地域の外にあった.
(6) Amalgamated Cotton Mills Trust Ltd., a brief account of…the Amalgamated Cotton Mills Trust and its component companies, 192-. ちなみに, ウォラルの要覧には当企業は独立して記録されていない. Trustは持株会社以外の意味はなかったと思われる.
(7) Combined Egyptian Millsは1929年に成立したCombined English Mills (Spinners) Ltd. の後身である. 29年形成当時35企業300万と称せられた. *Combined English Mills Ltd., The Group Organization of the 35 mils*, no date.
(8) 戦間期イギリス綿業の貧しいパーフォーマンスに関しては, 往々指摘されてきたとおりである. A.F.Rucas, *Industrial Reconstruction and the Control of Competition*, 1937, pp.146-73; H.G.Hughes and C.T.Sanders, *The Cotton Industry in Britain in Recovery*, 1938. 最近の成果としては次の書物を参照のこと. N.K.Brixton & D.H.Aldcroft(ed.), *British Industries between the Wars*, 1979. pp.25-47.
(9) Crosses & Winkwoorthは世界不況中に積極的戦略を展開して持株会社を形成し, W.Heaton (Bolton), L.Hampton (Bolton)の他公開会社5社を傘下に収めた.
(10) 1873年に私社へと組織変えが行なわれた当社は, 1917年に公開化される直前は株主20名にすぎなかったが, 翌年には1,000名以上の株主を擁することになった. Company Registration Office, Company file, 7903/65-66; *Lancashire, the Premier Country of the Kingdom, Cities and Towns*, Part 2, 1889, p.195.
(11) この紡績・紡織企業数は「ウォラル綿業要覧」から析出した概数である. なお, 同要覧の「企業数」には他部門の企業も含まれているのでそのままは利用できない. Conf. Chapman and Ashton, *op. cit.*, p.538.
(12) これはイギリス綿業の産業構造を論じた論者の共通の認識であった. G.C.Allen,

British Industries and their Organization, 1961, pp.234-5. また, 〔11〕の書物に収められたD.A.ファーニー論文を参照.
(13) Company Registration Office, Company file, 7748; 60795; 65369; 25784.
(14) P.R.O., BT 31, 16880/2298/21; J.E.Hargreaves, *A History of the Families of Crompton and Milne and of A. & A.Crompton & Co.*, 1967, pp.102-6.

3 紡績企業成長の析出：アメリカ

紡績業の地域的集中は，19世紀前半にはロウェル（Lowell）を中心に著しかったが，第3・4半期にはフォール・リヴァ（Fall River）が頭角を現わし，特に1872～4年には当市に企業創立ブームが訪れ，その多くが公開的性格を帯びていた．20世紀初期にはニュー・ベドフォード（New Bedford）に設立ブームが訪れた．従ってマサチューセッツ州内部での分散は進行したのである[1]．19世紀第4・4半期以降を全国的にみると，フォール・リヴァが第1次大戦中も全国紡錘数の12.5％を占めて常に首位にあった[2]．ニュー・イングランド企業は殆どが綿糸消費率100％の紡織統合経営であり，フォール・リヴァではプリント地生産に従事した．ちなみに製品別に見れば，世紀初頭においてはプリント地はシャツとシーツ地を抜いて，アメリカ最大の製品であった[3]．

ニュー・イングランド企業はかように設立当初から紡織統合経営であったことが，著しい特徴であり，この紡織企業経営者は，染色・捺染企業を同一都市に創設したり，或いは企業内に仕上諸工程を統合した．これは時期的には極めて早く，19世紀中葉には観察されよう．例えばフォール・リヴァのジェネラル・アントルプルナー R.Borden が1835年に最新捺染機の導入により「アメリカ捺染所」（American Print Works）を創設したのは前者の例である[4]．19世紀末のPacificは既に紡織と捺染工場を所有しており，これは後者の例である[5]．販売機能の統合に関しても，19世紀末には早くもその兆候が観察され，複数の委託販売商社から総販売商社（sole agent）への移行を経て，自社販売員の強化が志向された．逆にアメリカの場合には，後方統合の場合も例外ではない．第2表のB.B.R. & Knight はその最初の例であろう[6]．第2次大戦前には，比

較的その進行が遅かった南部に本社を置く大企業でも，完全統合が達成されていた⁽⁷⁾．ニューヨーク屈指のプリント商社を所有したM.C.D.ボーデンは，大不況期に大紡績企業 Fall River Iron Works を設立し，既述 American Print Works を支配したが，世界不況の30年代には後者の再組織である American Printing Company が前者を吸収して生産過程の統合を完成した⁽⁸⁾．Amoskeag は1907年販売合理化に着手して，巨大な費用節約が可能⁽⁹⁾となった．

次に特徴として指摘さるべきは，生産統合ばかりでなく，リングの集積によって形成された巨大紡績工場群（＝巨大事業所)[エスタブリッシュメント]の出現である．例えば Amoskeag は最盛期には実に79万錘のリングをマンチェスタ市（ニュー・ハンプシャ）に集中所有していた⁽¹⁰⁾．アメリカの最上位大企業群は，19世紀中葉から第3・4半期には既に生誕しているが，それらが新企業に次々に追い抜かれるというような，イギリスで観察された事態はここではまず例外であった．一般的にいえば，第二次大戦まで19世紀の大企業はその地位を維持したのである．金融業者の介入による合併運動の結果として生まれた若干の企業は，すべて経営集権化に成功することなく短期間のうちに消滅した．第3表の Parker，第5表の Lookwood Green などがこれに相当する⁽¹¹⁾．

90年代に入るとニュー・イングランド企業の強敵として意識される南部の紡織企業は，最初紡績企業として形成され，途中で織布統合という他国にも見られる道を採った．その代表は Cannon, Riverside, 或いは Kendall などで，これらが大戦後には最大10企業中にも進出することになる⁽¹²⁾．両大戦間の紡織大企業には二類型が存在した．ニュー・イングランドから南部諸州に進出して二，三の事業所を経営するパシフィック型企業と，日本と同様南部諸州で数多くの小企業を吸収して経営集権化に成功したキャノン型企業の2者がそれである．後者の場合，多い時には10近くの事業所を経営する複数事業所企業[マルティプル・ユニット・ファーム]に成長していった⁽¹³⁾．

第3に，第3表が語るように所要固定資本に従いミュールに換算して規模の国際比較を行なうと，たとえ仕上諸工程を念頭に置かずとも，第1次大戦直前にアメリカ企業は断然他の3ヶ国に抜きんでていたことが明らかになるであろ

う．当該表では，1リングは2ミュールに、1ダブリング・スピンドルは1/2ミュールに，1織機は30リング，つまり，45ミュールに換算されている[14]．ここでアメリカの優位は他を圧しているが，日本企業がこの時期にインドを抜いてイギリスと並んでいるのは，注目に値する．深夜業に由来する運転資本の増加を考慮すれば，疑いもなくこの時点で資本規模・売上高・従業員数において，両国の大企業を比較すると，日本は既にイギリスを捕捉していたと思われる．

註
(1) アメリカ全土の中で，マサチューセッツ州の占める比重は非常に高かったし，かつ，この州には大紡績企業が位置した．この点に関しては，拙稿，〔5〕，466頁，第1表を参照のこと．
(2) フォール・リヴァの紡錘数は，1870年に544,606錘であったが，70年代前半の創設ブーム後にわかに増加し，80年には1,390,830錘，90年には，2,164,664錘，20世紀を迎える頃にはほぼ300万錘に達していた．G.M.Haffords & Co.(ed.), *Fall River and its Manufactories*, 1898, p.31.ちなみにロウェルはこの70年代前半の設立ブームの影響を全く受けなかった．
(3) M.Copeland, *op.cit.*, p.146.
(4) 拙稿，〔5〕，441頁参照．
(5) *Dockham's Directory*, 1897, p.280. 拙稿，〔9〕，8頁参照．
(6) M.Copeland, *op.cit.*, p.172.この企業はロード・アイランドを中心に最盛期の第1次大戦直前には10工場を稼働したが，その時企業は未だパートナーシップであった．第1次大戦後法人化されたが，事業は20年代後半の不況とともに縮少に向った．
(7) R.S.Smith, *Mill on the Dan*, 1960, pp.454-5.
(8) この結果前述の Fall River Iron Works の紡錘は38年には American Printing Co.の358,952錘と記録されている．*Textile Establishment*, 1938, p.241.
(9) Amoskeag Manufacturing Company: A History 1805-1945, Typescript, Section 2, p.16. Archives Dept., Baker Library.
(10) Amoskeagはマンチェスタ市の3紡績企業の合同で出現したマンモス企業で，ほぼ隣接して市内に11工場を所有していた．G.W.Browne, *Amoskeag Manufacturing Company: A History*, 1915, Section 1.
(11) 前者は1916年に解散し，4工場は Pacific Mills が購入した．後者も経営集権化に成功しなかった．To the Stockholders of Parker Cotton Mills Company, 1915, Corporate Dept. Baker Library.
(12) 拙稿，〔9〕，8，12-3頁参照．

(13) Kendall Company はその代表といえる．次の興味深い論稿を参照．F.L.Lamson, "General Administrative Organization and Control", *Bulletin of the Taylor Society*, 1930.
(14) R.Robson, *op.cit.*, p.49. 藤野正三郎他『繊維工業』『長期経済統計11』1979年，94頁．なお『長期経済統計』は織機1台を40ミュールと換算しているが，本章では45ミュールとしている．織機は広幅・小幅の区別を考えない．1台が30リング錘というのは，いうまでもなく広幅の場合である．

4 紡績企業成長の析出：インド

　この国の機械制紡績企業は1860年以降ボンベイに集中し，19世紀末における集中度はランカシャのオルダムを凌駕するほどで実に約70％を示していた[1]．オルダムと同様に，1872～4年は当市が紡績企業設立ブームに沸いた時期であり，更に興味深いことには，86～9年，つまり，日本のブームとほぼ同時に，それ以上の当市最大の紡績起業熱が訪れている[2]．これら企業の殆どは，経営代理人（managing agent）を筆頭株主とした公開株式会社であった．80年代に入ると，更にボンベイの北のアーメダバード（Ahmedabad）にも紡績起業熱が訪れ[3]，以後は全国的に拡散する傾向があった．しかしこの2地域の比重は，最も低下した第2次大戦直前においても60％以下にはなっていない．ボンベイでの製品の中心は中国輸出を狙った20番手以下の綿糸であり，アーメダバードでは若干高く30番手前後であった[4]．

　インドの紡績企業は圧倒的多数が単一事業所企業であった．Maneckji Petit の3事業所とか1920年に同族系企業が合同した E.D.Sassoon United の5事業所企業は例外と看做すことができる．インドの紡績企業がランカシャの強い影響のもとで発展したことは周知の通りであるが[5]，成長もランカシャと同様，先発の上位企業は1事業所で成長を止め，後発企業が時代を経るに従って次々に登場するというパターンに近い．しかもこの傾向はランカシャの影響を一番強く受けたボンベイ企業に最も適合したようである．しかし10大企業を次第にボンベイ以外の企業が占めるようになったのは，立地の差異に由来することに留意しなければならない[6]．1889年に登記され，後に2企業を吸収してインドで

第1位の地位を占めることになったマドラス州のMaduraは,ボンベイに遠く位置し急成長した企業の典型であろう[7].

しかし,一つの点でインド企業はイギリスのそれと対照的である.つまり,企業生命の短いものが極めて多く,それは再組織されて新しい名称と所有者（＝経営代理人）のもとで再生したのであった.1875年までにボンベイで生まれた28企業のうち,1925年まで生命を保ったのは僅か6企業に過ぎない[8].つまり,先発企業は後発企業に対し,次第に競争力を失なって解散に追い込まれたのである.成長はしないが解散もしないというランカシャ企業との対照が鮮やかである.

このような成長に見られる特徴にもかかわらず,業績の好調な大企業には統合が進行していたことを,ここでもイギリスと同様に,指摘しなければならない.染色企業から出発して後方統合を達成したBombay Dyeingはその典型であるが,Sassoon Unitedもまた染色工場を自ら所有した[9].もっともインドの場合,戦間期においても仕上諸工程の地位はそれ程大きくなかったので,統合といっても生産統合（process integration）で仕上諸工程は大きな意味を持たず,粗布（grey cloth）のままで販売する場合も考慮しなければならない[10].これに対し販売は無論経営代理人が行なった.彼はマーケティングを行なったわけではなく,ただ紡績会社の販売主任の機能を果たしたにすぎないと解されるので,これをもって販売機能の実質的統合と看做すわけにはいかない[11].

留意しなければならないのは,経営代理人は時に5,6の紡績企業を同時に支配したので,彼らが経営代理人を中心に企業集団を形成していたことである[12].ちなみに武藤山治は「紡績大合同論」の中でこの企業集団形成を合同のひとつの事例として関説している[13].恐らくジェネラル・アントルプルナーであった彼は,これにより原花購入,製品販売,更には金融面において経営効率化の達成を期待することは出来たであろう.しかし,この可能性が実行に移されたのは極めて例外であったろう.

註

(1) Millowners' Association, *Annual Report for 1897*.
(2) S.M.Rutnagur, *Bombay: Industries The Cotton Mills*, 1927, p.20. 1888～90年の3年間に17企業が新設された.
(3) アーメダバード紡績企業に対する最良の資料は次のものである. *Directory of Ahmedabad Mill Industry*, 1928. またM.M.Mehta, *Structure of Cotton Mill Industry of India*, 1950. も参照のこと.
(4) 第1次大戦直前において, 25番手綿糸の全製品に占める比重は85.78%と圧倒的であり, 26～40番手が12.62%, 40番手以上は僅かに1.6%を占めたにすぎない.
(5) 詳しくは, 拙稿, 〔7〕を参照のこと.
(6) ボンベイの紡績企業が60年代に定着した時, 最初から中国への輸出を意図していたわけではなかった. しかし70年代初頭に生まれた企業が中国市場への輸出を始めてからは, ボンベイ企業は次第に中国への綿糸輸出に重点を移していった. 換言すると, 1890年代後半の到来とともに日本が中国市場を浸蝕しはじめて, これらボンベイ企業は苦しい立場に追い込まれることになった. これに対し, ボイベイ島以外に散在した企業は, 当初から国内市場を当にして設立されており, 製品に問題がなければ概して業績も良好であった.
(7) この Madura Mills Co. Ltd. は紡績専業企業で, 全紡錘をリングで装備していた. *The Investor's India Yearbook*, 1949, p.108.
(8) 拙稿, 〔7〕401頁.
(9) *Diamond Jubilee: Bombay Dyeing & Manufacturing Co. Ltd., 1879-1939*, 1939; C.Roth, *The Sassoon Dynasty*, 1977.
(10) 19世紀末 (1898～9年) に輸入綿布の約60%が粗布であった. 1913～4年には価値で約50%が粗布であった. *Review of the Trade of India, 1898-9*, p.21; *1913-4*, p.20.
(11) 詳しくは拙稿, 〔6〕を参照のこと. 「製造綿糸について手数料を支払われる経営代理人には, 自らインドの町や村で苦労して市場を開拓する誘因が欠けている」. Government of India, *Review of the Trade of India 1899-1900*, 1900, p.23.
(12) R.S.Rungta, *The Rise of Business Corporation in India, 1851-1900*, 1970. p.239; M.M.Mehta, *Structure of Indian Industries*, 1955. p.268.
(13) 武藤山治稿「紡績大合同論」(武藤山治全集第1巻, 440-41頁).

5 紡績企業成長の析出:日本

日本紡績企業ほど各国との鮮やかな対照を提示しているものはない. 周知の

ように，82年の大阪紡績の目覚ましい成功に触発されて，87～9年に紡績企業設立ブームが訪れ，後に大企業に成長した多くの企業が，既にこの時期に生まれていた．つまり特徴の第一は，絶えざる成長の持続であり，投下資本より眺めれば前述のように，第1次大戦前にはランカシャの最大級紡績企業とほぼ肩を並べるに至っていたと解せられる．先発企業の絶えざる成長も手伝って，新規参入による成功は比較的に困難であり，従って紡績企業の数は第2次大戦以前には最高を数えた時でも1899年の78社に達したにすぎなかった[1]．

1890年代の後半に始まる合同運動により，弱小企業の吸収，或いは中堅企業同志の合併が相次ぎ，第1次大戦中には「6大紡」の形成が観察された．この合併ばかりでなく，遠隔地での新工場建設により，企業は数多くの事業所（unit）を日本全土に所有することになり，複数事業所企業として際立った，世界でユニークな姿態を形成することになったのである[2]．これが第2の特徴といえよう．この際1事業所の規模は必ずしも大きなものではなく，ランカシャの方が遙かに大きかったが，大企業は何れも企業吸収に続いて経営集権化を成功させた[3]．これは第3の特徴として特記に値するといえよう．

次に統合戦略を検討する．90年代から紡績の基礎が確固たるものとなると，大企業は次々に輸出用綿布製造を狙って織布部門の統合を計るが，第1次大戦まで自社綿糸の消費率は決して高いものではなかった．戦間期に紡織統合が本格化したのであるが，同時に，大戦後大紡織企業は競って中国における紡績工場経営に乗り出し，紡績部門での横の拡大を続けた[4]．そればかりでなく，20世紀初頭に鐘淵紡が絹糸に進出したのを初めとして[5]，第1次大戦後は同種産業内多角化政策が顕著に進められた．就中，20年代のレーヨン・人絹部門への参入とその成功は，これが技術体系的には化学産業に所属するが故に，注目に値するものである[6]．これを基礎に大紡績企業，とりわけ，鐘淵紡は30年代には異種産業多角化路線を歩むことになった[7]．この海外工場経営と多角化を，第4の特徴というべきであろう．

このような大胆な事業多角化路線の採用にもかかわらず，紡績企業の垂直統合は，第2次大戦に至る時点においては極めて未完成であり，問題を孕んでい

たと言うべきであろう．粗布（grey cloth）中心の輸出に際しては，染色・捺染工業は余り重要な地位を占めてはいなかったが，加工度が高まるにつれ，これら仕上部門の統合が問題となった[8]．しかし鐘淵紡などの例外を別とすれば，紡績企業はこれらを内部化しなかった[9]．また，販売は輸出の場合は商社に委ね，国内市場に対しては伝統的な綿糸布商人に依存する体制を革新しようとはしなかった．この統合の未完成・生産＝紡織中心主義は，第5の特徴として等閑視されてはならないであろう．

このように日本紡績企業は，持続的成長と多数事業所経営という点で，イギリス・インド企業との好対照を形成した．またこれと係わるが，企業合同運動の成功という点で，イギリス・アメリカ企業とも好対照であった．他方，統合の不均衡という点では，アメリカ企業との対照がまた鮮明であった，ということができよう．そして他国には見られない最大の特徴は，海外工場経営，就中，化学繊維への進出であった．

註
(1) これ以降第1次大戦直前に至るまで，企業数は減少を続けて40企業に達しなくなった．第1次大戦末期より増加が始まり，20年代前半には70企業に接近し，やや減少した後，20年代末から再び若干増加して1937年には74企業を記録している．これは紡績連合に未加入の企業をも含めての大勢を記したものである．「綿絲紡績事情参考書」（大日本紡績連合会）．
(2) 拙稿，〔9〕12頁，第4表を参照．
(3) 経営集権化が成功したか否かは，とりあえず業績によって判定するのが妥当であろう．三重紡は合併によって伸びた典型的企業であったが，「業績自体も極めて好成績であって，これを反映して配当率も高く，常に12%以上の安定的な配当率を示していた．」（山口和雄編著『日本産業金融史研究・紡績金融篇』408頁）．とすれば，合併後被吸収工場がどのように整備されたかが問題になろう．吸収時点の施設と1913年時点のそれとを比較したのが次表である．

吸収企業	吸収当時の施設	1913年の施設
伊勢中央紡（計画）	10,000錘	33,952錘
（機械発注済）織機	2,422台	
伊勢紡	2,940錘	本社付属工場となり詳細不明
尾張紡	31,104錘	29,568錘

名古屋紡	30,384錘	30,000錘
津島紡	13,400錘	16,896錘
	織機100台	
西成紡	21,068錘	15,264錘
	織機208台	
桑名紡	15,360錘	29,792錘
		撚糸9,200錘
知多紡	16,218錘	31,488錘
	織機108台	織機1,067錘
下野紡	29,900錘	66,210錘
	撚糸672錘	撚糸672錘

　　三重紡はこの他に母胎となった本社付属工場と新設した愛知工場を所有していたが，上表から，拡張の中心は，吸収工場を当時通説で工場の適正規模と言われた30,000錘程度に拡大することであったことが分るであろう．しかし，好業績を支えた経営集権化が専らこのような工場規模拡大のみにあったと考えるなら，必ずしも正しくなく，むしろ，それ以上のものが原花購入・運転資金の運用・工場経営ノウハウの交換・経営者資源の有効利用などから生まれたと考えられる．例えば，当時同じように合併によって成長した鐘淵紡の場合，10,000錘規模の工場を全国に擁しながら，しかも好業績をあげているのである．

(4) 「綿絲紡績事情参考書」（第52期・昭和3年下半期）の記録によれば，当時中国における日系紡績会社の錘数合計は1,374,223錘を数えた．ただし中国における最大企業は内外綿株式会社（381,972錘），第2位は日華紡織株式会社（244,832錘），大紡績では鐘淵紡系の上海製造絹絲が第3位，大日本紡績が第5位，その他東洋紡，富士瓦斯紡，日清紡が進出していた．1938年には天津に進出した鐘淵紡・東洋紡糸2企業が大きく紡錘数を伸ばした．
(5) 「鐘紡の八十年」（稿本），鐘紡本社，155-61頁．
(6) 「鐘紡の八十年」（稿本），208-12頁．『東洋紡績七〇年史』1953年，296-302頁．『ニチボー七十五年史』1966年，206-7，225-27頁．
(7) 鐘紡は1924年に「山科理化学研究所」を設立していたが，これは34年に「武藤理化学研究所」に改組され，最盛期には300名を擁した一大研究所となった．「鐘紡の八十年」222-3頁．
(8) 1913年の綿布輸出を生地・晒・加工布に分けることは統計上不可能であるが，価格で白木綿・生金巾・シーチングだけで50％以上を占めていたことは確実である．これが1928年になると，生地輸出は価格で約30％まで低下している．「綿絲紡績事情参考書」．

(9) 仕上工程の大工場を最初に所有したのは鐘淵紡で，淀川工場（1916年竣工，18年完成）がこれである．折から綿布輸出が増大しつつある時であり，「淀川工場はまさに鐘紡の宝庫となった」のである．18年上期から11期，つまり23年上期に至るまで戦後恐慌をはさんで当社が70％という想像も出来ないような高配当を持続できたのは，この製造工程の完全統合に由来したのである．（「鐘紡の八十年」，133-35頁）これに対し大日本紡が晒加工の山崎工場を建設したのは，1927年であり，東洋紡では1917～32年は晒綿布が「全部外注の時代」（『七十年史』344-5頁）であった．

結語にかえて

以上，各国綿紡績企業成長に見られる特徴を指摘した．本章の目的はこの事実発見にあり，それ以上ではない．しかし，同時にそこに観察される共通の流れをも，総括的に指摘しておくべきであろう．各国に見られる個性にもかかわらず，紡績企業は紡績規模拡大の後に，今世紀に入ると同時に次第に統合にその成長を移してゆく．そしてその後更に多角化して異種産業分野にも触手を伸ばしてゆく．しかし，この転換可能性が現実に高いのは，恐らく日本企業のみであろう．アメリカ企業は，この多角化への動きは弱いが，統合という点では世界で最も完成したものであり，これが現在における国際競争の強さと関係がないわけではないであろう．他方，現在日本企業が綿部門で苦境に立っているのは統合を怠ってきたことに求められるであろう．

ともあれ，これら各国に観察された特質の説明こそ，歴史家の舞台であろうが，これは紙幅の関係で，続いて別稿で行なわれることになろう[1]．

註
(1) 米川伸一・平田光弘編『企業活動の理論と歴史』（千倉書房，1982年）に収録．

付表1～6の解説

付表4を除き,ミュール・リング・ダブリング紡錘の区別はしていない.また付表4をも含めて,織機の幅による区別は無視している.アメリカの少数の企業(註記)を除き,日本企業の綿以外の繊維のための多数の紡錘は含まれていない.また,在華紡の紡錘も含まれていない.

省略記号

 C.…綿　Wo.…羊毛　Si.…絹　R.…レーヨン　L.…麻
 S.…紡績(時に撚絲を含む)　W.…織布
 F.…仕上諸工程(漂白・先染・後染・捺染・その他)
 K.…メリヤス加工,　Se.…販売
 (　)系列会社

主要資料

 業界年鑑・新聞・内部資料
 イギリス
  Companies Files in Public Record Office and Company Registration Office.
  Warrall's Cotton Spinners' and Manufacturers' Directory.
  Warrall's Textile Directory of the Manufacturing Districts in Ireland, Scotland……．
 アメリカ
  Dockham's American Report and Directory of the Textile Manufacture and Dry Goods Trade, Annual Editions.
  Textile World (ed.), *Textile Establishment in the United States, Canada and Mexico*, Annual Editions.
  Business Records, Archives and Corporate Dept. at Baker Library, Harvard Graduate School of Business Administration.
 インド
  (Bombay) *Millowners' Association*, Annual Reports, Appendixes.
  Companies Files in Company Registration Office of Bombay.
  The Investor's India Year-Book.
  Indian Textile Diary and Reference Book.
  Times of India: Calendar and Bombay Directory, Annual Editions.
  S. M. Ratnagur, *Bombay Industries: Cotton Mills*, 1927.
  M. P. Gandhi, *Indian Cotton Textile Industry*: 1938 Annual.
 日　本
  Rengo Bosei Geppo (Japan Cotton Spinners' Association), Monthly Reports
  Menshi Boseki Jijyo Sanko Sho (Statistics for Cotton Spinning), Half-Year's Reports

第1章　紡績企業の国際比較

付表1　10大紡績企業（1884～92年）　　　紡績機＋織機

イギリス*		アメリカ**		インド***		日本****	
J. Mayall[1]	420,000	Harmony[1]	275,000	Maneckji Petit[1]	110,640 +1,954	Osaka	60,391 +333
Crosses & Winkworth[2]	326,090	Wamsutta[2]	203,000 +6,200	New Dhurmsey[2]	94,108 +1,288	Settsu	35,328
Musgrave[3]	257,714		+4,500		+1,288		
Sidebottom[4]	293,000	Amoskeag[3]	170,000 +6,000	Oriental[3]	87,238 +1,288	Mie	30,672
J. & J. Hayes[5]	229,880	Merrimack[4]	156,480 +4,462	Sassoon S. & W.[4]	50,220 +800	Kanegafuchi	30,528
J. Wood[6]	204,000 +3,360	Lonsdale[5]	151,824 +2,878	Western India[5]	37,392	Naniwa	30,280
G. Mayall[7]	200,000	Boott[6]	142,080 +3,987	Hindostan[6]	36,840 +400	Hirano	26,680
T. Taylor[8]	182,000						
J. Marsden[9]	182,000	Pacific[7]	136,000 +2,500	M. Gokuldas[7]	34,336 +471	Kanakin	19,906 +50
Middleton & Tong[10]	177,660	Dwright[8]	120,000 +32,00	Anglo-Indian[8]	31,680	Tenma	16,388
		Great Falls[9]	120,000 +2,600	New Great Eastern[9]	30,664 +685	Owari	15,328
		Massachusetts[10]	119,528 +3,658	Mazagon[10]	30,096 +360	Senshu	15,136

企業註記

イギリス*

(1) Mossleyの伝統ある企業、1894年株式会社に改組。1902～4年に2企業に分割。
(2) 1875年2パートナーシップの合同で成立。

(3) パートナーシップ。FCSDAを形成。
(4) Glossopの伝統ある企業。1893年株式会社に改組。1901年解散。
(5) Leighの伝統ある企業。1881年株式会社に改組。
(6) Glosssopにあり、1872年株式会社に改組、後に公開会社。

(7) Mossley にあり，1903 年解散．分割され公開株式会社として発足．
(8) パートナーシップ．FCSDA を形成．
(9) パートナーシップ．FCSDA を形成．
(10) 1860 年公開株式会社として発足．1894 年解散．

アメリカ**
(1) ニューヨーク州 Cohoes にあり，1851 年創業．
(2) New Bedford の最も古いかつ最大の企業．1847 年創業．
(3) ニューハンプシャ州 Manchester にあり，1841 年創業．
(4) Lowell の最古の伝統ある企業．1822 年創業．
(5) ロード・アイランド州 Lonsdale にあり，1834 年創業．
(6) Lowell にあり 1836 年創業．
(7) Lawrence を代表する企業．1825 年創業．
(8) Chicopee にある企業．1841 年創業．
(9) ニューハンプシャ州 Great Falls にあり，1823 年創業．
(10) Lowell にあり，1840 年創業．

インド***
(1) 1860 年創業の優良企業．この時点で 3 事業所経営．
(2) 大規模な，しかし経営に失敗した企業．1887 年解散．Swadeshi Mills となる．
(3) 1858 年創業の最初の公開株式会社．1903 年解散．
(4) サスーン（ユダヤ）系の公開株式会社．1874 年創業．

(5) 1880 年創業．戦間期まで生命を保った企業．
(6) 1873 年創業．戦間期まで事業継続．
(7) 1870 年創業．最優良企業の 1 つ．
(8) 1876 年イギリスで発足．90 年代に経営に失敗し，Apollo Mills になる．
(9) 1860 年創業．1870 年代中葉に再組織．
(10) 1874 年解散後 1903 年 Emperor Edward として再発足．

* J. P. Coats と English Sewing を含まず．
** 1884 年版の検討が不可能のため 1886 年版（Baker Library 所蔵）を利用．J. P. Coats と English Sewing の海外の系列会社を含まず．
*** 検討可能な 1882 年を提示．
**** 日本企業に関しては周知のため記述を省略した．

第1章　紡績企業の国際比較

付表2　10大紡績企業（1897年）

イギリス		アメリカ		インド		日本	
J. Mayall	444,000	B. B. R. & Knight[(1)]	388,862 +10,016	Manecki Petit	131,132 +1,253	Kanegafuchi	81,778
Crosses & Winkworth	325,430	Amoskeag	290,000 +10,000	J. Sassoon[(1)]	90,096 +1,718	Mie	56,784 +400
Musgrave	320,000 +620	Fall River[(2)]	285,000 +7,500	Empress[(2)]	76,684	Osaka	52,297 +557
Sidebottom	293,000 +4,700	Harmony	275,000 +6,557	Victoria[(3)]	71,293 +126	Nippon	40,194
Howe Bridge[(1)]	250,000	Wamsutta	219,216 +4,346	Bowrem[(4)]	65,148	Setts	38,016
Ryners[(2)]	230,000 +1,620	Lonsdale	181,370 +3,717	Oriental	64,012 +1,140	Owari	30,340
J. Wood	221,000 +3,385	Pacific	180,000 +6,660	Bengal[(5)]	62,972	Amagasaki	29,873
Horrockses & Crewdson[(3)]	220,000 +8,312	Merrimack	158,976 +4,502	Dunbar[(6)]	60,880	Hirano	27,616
J. & J. Hayes	216,518	Berkshire[(3)]	156,292 +3,700	Sassoon S. & W.	53,624 +1,140	Kanakin	26,096 +459
Barlow & Jones[(4)]	210,000 +1,300	Boott	152,992 +4,215	Swadeshi[(7)]	50,780 +1,025	Naniwa	25,953

イギリス
(1) 1867年ボルトンに創業された活力ある公開株式会社.
(2) 1891年株式会社に改組されたが，1912年解散.
(3) Prestonから生まれた紡織統合企業．1887年 Crewdson との合併により成長．

(4) マンチェスタの伝統ある統合企業．1900年株式会社に再組織，その後株式公開．

アメリカ
(1) ロード・アイランド州プロビデンスに発する完全統合企業．

パートナーシップ．
(2) 1890 年操業開始．繊維商社の設立による．フォール・リヴァーに位置．
(3) 1889 年 Mass. Adams に組織された企業．

インド
(1) 1895 年創業のサスーン系企業．創業当時インド最大の工場規模を誇った．
(2) 1883 年創業．Greaves, Cotton の創設した企業群の1つ．
(3) インド北西部 Campore の企業．
(4) カルカッタの企業．
(5) カルカッタのイギリス企業．1873 年イギリスで登記．
(6) カルカッタ近郊の企業．1896 年創業．
(7) 1887 年 Dhurmsey 工場をターが買収して創業．

第1章 紡績企業の国際比較

付表3 10大紡績企業（1913年）

イギリス		アメリカ		インド		日本	
F. C. S. D. A.	3,243,674	Amoskeas*	790,000 +24,400	Maneckji Petit	148,388 +5,043	Kanegafuchi	465,524 +4,783
Crosses & Winkworth	364,000	Union Mills[1]	540,000	Madura[1]	106,536	Mie	283,522 +5,330
Iwell Bank[1]	326,160	Fall River	458,288 +13,767	Victoria	106,000 +1,400	Fugigasu	245,688 +979
Howe Bridge	316,000	Pacific*	404,360 +10,468	J. Sassoon	103,816 +2,079	Nippon	173,412
Bolton Union[2]	290,478	B. B. R. & Knight	358,519 +9,323	Campore[2]	102,504 +1,406	Osakagodo	163,252 +400
Times[3]	264,144	Parker[2]	289,652 +6,406	Central India[3]	100,352 +2,264	Settssu	157,174
Broadstone[4]	262,504	Massachussetts	273,088 +8,238	Century[4]	92,016 +3,093	Osaka	156,496 +4,532
Bee Hive[5]	262,000	Berkshire	260,079 +6,400	Buckingham[5]	89,284 +1,076	Tokyo	138,696 +884
W. Heaton[6]	260,000	Merrimack	259,056 +7,096	Bengal	85,048 +1,050	Amagasaki	132,392 +1,785
Horrockses & Crewdson	252,000 +9,530	Riverside[3]	246,800 +8,276	Curimbhoy[6]	83,396 +1,014	Fukushima	103,616

イギリス
(1) Farnworth に位置し，1892 年公開株式会社として新設.
(2) Bolton に位置し，1874 年公開株式会社として新設.
(3) Middleton に位置し，1898 年公開株式会社として新設.
(4) Stockport に位置し，1904 年公開株式会社として新設.
(5) Bolton に位置し，1894 年公開株式会社として新設.
(6) Bolton にあり，1914 年株式会社に改組，21 年 Crosses の傘下に入る.

アメリカ
* 羊毛用紡錘を含む.
(1) 羊毛用合同企業たる New England Cotton Yarn の全工場を賃借する.
(2) 1911 年組織された持株会社. 本社はサウス・カロライナ Greenville.
(3) 1882 年創業されたヴァージニア州 Danville の企業, 南部の代表的企業.

インド
(1) マドラス州 Madura に位置し, 1889 年創業.
(2) 北西部 Campore の企業. 2 事業所を有す.
(3) Nagpur にあるタータ経営の優良企業. 1874 年新設.
(4) 1898 年新設. ボンベイ.
(5) マドラス州 Perambur の企業
(6) 1888 年新設, ボンベイ.

第1章　紡績企業の国際比較

付表4　10大紡績企業のミュール換算値（1913年）

イギリス		アメリカ		インド		日本	
F. C. S. D. A.	3,243,674	Amoskeag	2,283,000	Maneckji Petit	449,517	Kanegafuchi	862,073
Crosses & Winkworth	432,500	Union	675,000	Madura	159,804	Mie	650,701
Iwell Bank	326,160	Fall River	1,347,447	Victoria	190,000	Fujigasu	345,007
Howe Bridge	316,000	Pacific	1,078,600	J. Sassoon	233,655	Nippon	200,278
Bolton Union	290,478	B. B. R. & Knight	743,363	Campore	120,838	Osakagodo	239,776
Times	264,144	Parker C. M.	722,748	Central India	234,948	Settu	235,086
Broadstone	262,504	Massachussetts	780,342	Century	261,539	Osaka	430,932
Bee Hive	262,000	Berkshire	321,199	Buckingham	182,346	Tokyo	219,516
W. Heaton	260,000	Merrimack	707,860	Bengal	158,982	Amagasaki	247,513
Horrockses & Crewdson	680,850	Riverside	742,620	Curimbhoy	148,172	Fukushima	155,424

付表5　10大紡績企業（1928年）

イギリス		統	合　度	アメリカ		統	合　度
F. C. S. D. A.	3,295,460	C.	S.	Amoskeag*	790,000 +29,600	C. Wo.	S. W. F. Se.
Amalgamated Cotton Mils[1]	1,064,802	C.	S. W. F. Se.	Lockwood Green[1]	570,966 +8,523	C. L.	S. W. F.
Howe Bridge	714,800	C.	S.	Pepperell[2]	512,016 +14,704	C. W. R.	S. W. F. Se.
Crosses & Winkworth	500,016	C.	S.	Riverside	472,220 +13,500	C.	S. W. F.
Swan Lane[2]	400,000	C.	S.	Pacific*	468,648 +11,076	C. Wo.	S. W. F. Se.
Labusham[3]	345,000	C.	S.	Fall River	358,952 +8,396	C.	S. W. F.
Iwell Bank	333,924	C.	S.	Lonsdale	294,756 +8,230	C.	S. W. F.
Atlas[4]	323,732	C.	S.	Nashwena[3]	275,000 +6,100	C.	S. W. F.
Horrocksses & Crewdson	320,000 +8,300	C.	S. W.	Berkshire	265,724 +6,000	C. Wo.	S. W.
Lees & Wrighley[5]	300,000	C.	S.	B. B. R. & Knight	237,440 +6,394	C.	S. W. F. Se.

イギリス
(1) 1918年に形成された緩い合同企業。ウォル綿業要覧には単一企業と記録されていない。
(2) 1901年新設のBoltonの企業。
(3) 1905年新設のLeighの企業。
(4) 1898年Ashtonで創業。Texasを吸収して成長。
(5) 1905年に株式会社に改組。

アメリカ
＊羊毛用紡錘を含む
(1) 繊維機械企業、企業合同を進めたが後に経営集中化に失敗。
(2) メイン州Biddefordに1850年創設された伝統ある企業。Massachussetts (Lowell) を吸収して成長。
(3) 1909年 New Bedfordに新設。

第1章　紡績企業の国際比較

付表5（続）　10大紡績企業（1928年）

イ ン ド		統	合 度	日 本		統	合 度
Madura[(1)]	335,606	C.	S.	Dainippon	896,676 +9,550	C. Si. (R)	S. W. F.
United Sassoon[(2)]	245,232 +4,750	C.	S. W. F.	Toyo	859,940 +12,257	C. Si. R.	S. W.
Bombay D. & M.[(3)]	181,544 +4,848	C.	S. W. F.	Kanegafuchi	680,852 +8,007	C. Si.	S. W. F.
Maneckji Petit	153,363 +4,622	C.	S. W.	Fuji	595,952 +2,713	C. Si.	S. W.
Sholapur[(4)]	111,360 +2,209	C.	S. W.	Nissin	480,518 +2,965	C.	S. W.
Victoria	104,336 +1,500	C.	S. W.	Osakagodo	476,800 +3,638	C.	S. W.
Swadeshi	102,592 +2,722	C.	S. W.	Kurashiki	296,840 +1,812	C (R). K.	S. W. F.
Central India	100,352 +2,220	C.	S. W.	Fukushima	255,308 +1,996	C.	S. W.
Century	100,156 +3,130	C.	S. W.	Kishiwada	203,392 +1,150	C.	S. W.
Shapurji Broacha[(5)]	97,284 +723	C.	S. W.	Wakayama	138,822 +1,463	C.	S. W.

インド
(1) 1920年代に2企業を吸収して成長。
(2) 1920年サスーン系5企業の合同により成立。
(3) 1879年に生誕した統合優良企業。染色企業により後方統合。
(4) ボンベイ州Sholapurに1874年に設立。
(5) 1916年Greaves, Cottonに所属する3企業を買収して設立。

付表6 10大紡績企業 (1938年)

イギリス		統合度		アメリカ		統合度	
F. C. S. D. A.	3,938,875 +1,045	C.	S.	Cannon[(1)]	734,846 +13,097	C.	S. W. F. Se.
L. C. C.[(1)]	3,331,443	C.	S.	Berkshire[(2)]	721,104 +11,491	C.	S. W.
Combined Egyptian[(2)]	2,270,995	C.	S.	Pacific	574,164 +13,778	C. Wo.	S. W. F. Se.
Crosses & Winkworth[(3)]	1,116,105	C.	S. W.	Riverside	466,132 +11,627	C.	S. W. F.
Amalgamated Cotton	701,020 +1,275	C.	S.	Lonsdale	363,232 +7,998	C.	S.W.F.
J. Hoyle[(4)]	431,001 +8,783	C.	S. W. F.	Pepperel	317,684 +9,764	C. W. R.	S. W. F. Se.
Swan Lane	400,000	C.	S.	Textiles[(3)]	313,000	C.	S. Se.
Iwell Bank	333,924	C.	S.	Kendall[(4)]	244,504 +5,025	C.	S. W. F. Se.
Horrockses & Crewdson	320,000 +10,738	C.	S. W. F.	Merrimack	202,540 +6,553	C.	S. W. F. Se.
Lees & Wrighley	300,000	C.	S.	Erwin[(5)]	192,848 +5,427	C.	S. W. F.
Bolton Textile[(5)]	292,636	C.	S.				

イギリス

(1) 1929年形成. 1938年当時には45企業がこれに参加.
(2) 1929年形成. FCSDAに次ぐ高番手綿糸生産. 1938年当時には18企業が参加.
(3) Bolton中心に6企業を支配して親事業会社を合わせて持株会社を形成.
(4) Bacupに生誕した伝統ある生産統合企業. 同族の他企業との合同により成長した.
(5) 1893年Farnworthに産まれた公開株式会社.

第1章　紡績企業の国際比較　　　33

アメリカ
(1) ノース・カロライナ州コンコードに起源を有する企業. 1930年代に急速に成長.
(2) Berkshire Fine Spinning Associates, Inc. 1930年代に急成長.
(3) ノースカロライナ州 Gastonia に本部を置く. 12事業所経営.
(4) 南部に工場を, Boston に本社を置く完全統合企業.
(5) ノース・カロライナ州 Durham に1892年生誕した企業.

付表 6 (続) 10大紡績企業 (1938年)

イ ン ド		統	合 度	日	本	統	合 度
Madura	476,180	C.	S.	Toyo	1,861,560 +18,937	C. Si. R. Wo.	S. W. F. Carpet Thread Lace Hosiery Tire Code (Rubber) (Pulp)
Bombay Dyeing	183,886 +4,850	C.	S. W. F.				
Central India	115,136 +2,166	C.	S. W.				
Sholapur	111,360 +2,234	C.	S. W.	Kanegafuchi	1,225,164 +12,275	C. Si. R. Wo.	S. W. F. Soda, Soap Carpet (Natural Resources Development)
Century	104,548 +3,096	C.	S. W.				
J. Sassoon	101,112 +2,223	C.	S. W.				
New Victoria[(1)]	95,069 +1,615	C.	S. W.	Dainippon	1,183,278 +12,060	C. Si. Wo. (R)	S. W. F.
Muir[(2)]	88,852 +1,624	C.	S. W.	Fuji	753,674 +4,208	C. Si. R.	S. W.
Shopurji Broacha	88,848 +1,060	C.	S. W.	Nissin	702,060 +6,608	C. R.	S. W.
Swadeshi	80,000 +1,740	C.	S. W.	Kurashiki	576,480 +4,148	C. (R)	S. W. F.
				Kureha	543,800 +5,210	C. R. (Wo)	S. W. F.
				Kinka	477,808 +905	C. Wo.	S. W.
				Fukushima	390,428 +2,112	C. Wo.	S. W.
				Tenma	316,240 +644	C. Wo.	S. W.

イ ン ド
 (1) 1920年アグラ州 Campore に設立. 旧 Victoria Mills を引継ぐ. (2) 1874年, 同じく Campore に生誕.

第2章　戦前期三大紡績企業における学卒職員
　　　　──設問・資料提示・解説の形式で──

戦前の日本の紡績企業の歴史は，国際的・歴史的比較の対象として極めてユニークな存在である．学卒職員の国際比較を戦間期について考察して見ると，第1次大戦直前に未だイギリス人技師が工場支配人として留まっていた企業も残存していたインドを別としても，イギリスにおいては，学卒職員は全企業を通じてほとんど皆無であった．アメリカでも，優秀な学卒者は19世紀末から綿業企業には背を向けていた．しかし，日本の場合，異常とも言える程多くの学卒職員を擁したのである．それがまた，戦後合繊への進出を可能とし，いまだに大企業として存在し得ている根本的な原因となっていると考えられるのである．付言すれば，現在世界の証券取引所で上場されている企業のうち紡績企業は極めて例外的なのであって，貿易自由化と共に先進国の紡績企業が消滅しつつある時，我が国紡績企業の相対的な健闘ぶりが光を放っているのである．そこで小稿では今まで手を染めていなかった大日本紡績にまで拡大して，設問と解答方式を取り，図表を使って事実を提示し，それに簡単な解説を付記してみたい．

　設問
(1) 三大紡績学卒職員入社状況はどう推移したか．
(2) 「紡織要覧」の中の「紡織紳士録」に記された学卒者総数の推移はどうか．
(3) 明治30年代の三大紡織企業の学卒者はどの地位まで昇進したか．
(4) 三大紡績企業の役員と学卒職員の理系文系の比率は企業により差が見られるのか．
(5) 工場長にはどのようなキャリアが見られるのか．
(6) 終戦時鐘紡の学卒職員の数と分類はどうか．
(7) 大正期に入社した学卒職員はどの程度まで昇進したのか．
(8) 取締役はどのようなキャリアを歩んできたか．

第1図　戦前三大紡績学卒職員入社状況の推移（明治〜大正）
（年度別大卒入社人数）

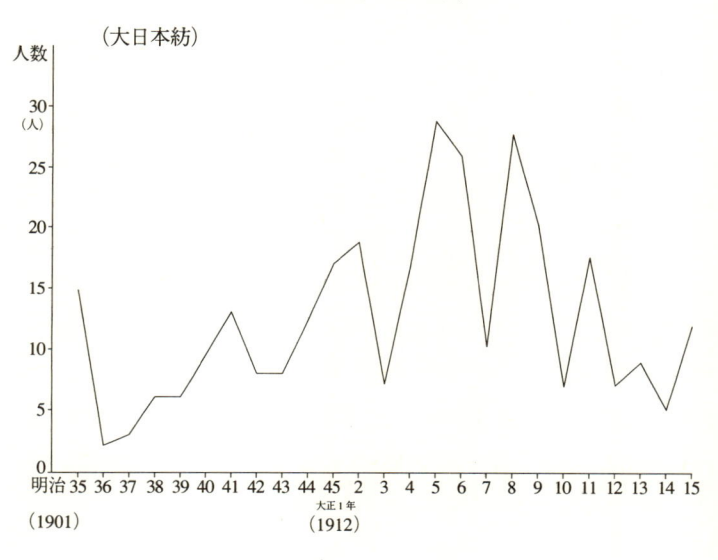

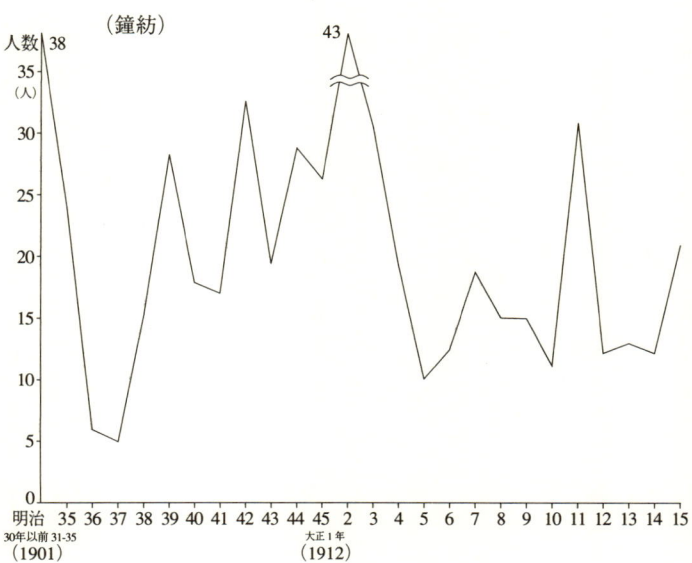

（大日本紡）

（鐘紡）

（東洋紡）

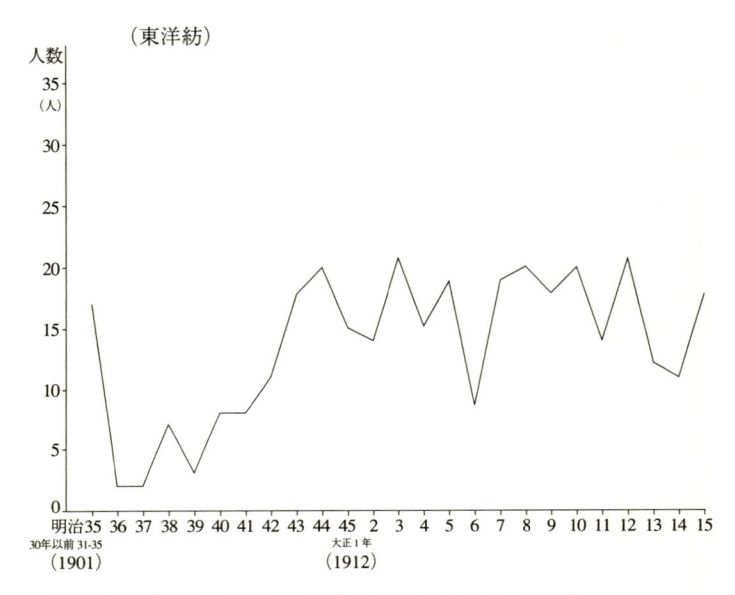

（出所）『紡織要覧』各年中の「紡織紳士録」にもとづいて作成．

第2章 戦前期三大紡績企業における学卒職員

第1表 学卒者総数

年　度	鐘　紡	東洋紡	大日本紡
1915年(大4)	168人	98人	
1916年(5)	277(110)	109(87)	
1917 (6)			
1918 (7)	239	137	
1919 (8)	242	160	
1920 (9)	226	172	12
1921 (10)	220	161	89
1922 (11)			
1923 (12)	204	159	78
1924 (13)	199	167	
1925 (14)	198	162	
1926 (15/昭1)	186	131	
1927 (2)	174	136	32
1928 (3)	182	139	33
1929 (4)			
1930 (5)	198	190	101
1931 (6)	213	193	78
1932 (7)	219	293	87
1933 (8)	211	286	86
1934 (9)	210	267	60
1935 (10)	215	297	90
1936 (11)			
1937 (12)	253	295	83
1938 (13)	259	263	88

(出所)『紡織要覧』

第2-1表 鐘　紡

勤務終り年度	名　前	大学名	卒業年度	役　職　名
T. 5	平賀　敏	K	M. 14	監査役(T. 5)
T. 5	寺崎常五郎	K	M. 19	物品渡場主任(T. 5)
S. 12	山口八左右	K	M. 21	常務取締役(T. 14)取締役副社長(S. 12)
T. 8	高辻奈良造	東大機	M. 22	取締役(T. 8)取締役兼工場監督(T. 8)
S. 10	瀧川定次	大商	M. 22	工場長(T.12)参与(S. 6)取締役(S. 7)
S. 3	長尾良吉	東商	M. 24	取締役(T. 5)常務取締役(T. 14)副社長(S. 3)
T. 6	多和田留郎	K	M. 25	支店工場長(T. 4)取締役(S. 5)
S. 13	三宅郷太	K	M. 25	支店工場長(T. 5)取締役(S. 7)常務取締役(S. 13)
T. 14	藤　正純	K	M. 25	取締役(T. 4)常務取締役(T. 13)
T. 14	渡辺寅蔵	K	M. 25	支店工場長(T. 4～T. 14)
T. 12	安田善三郎	帝大	M. 25	監査役(T. 7)
S. 6	武藤山治	K	M. 27	専務取締役(T. 7)取締役社長(T. 12)相談役(S. 6)
S. 12	須子亥三郎	K	M. 27	参与(S. 6)取締役(S. 10)
T. 5	前田雄次郎	東工	M. 27	支店工場主任(S. 5)
T. 7	高橋兵四郎	東工機	M. 27	講習所長(T. 7)大阪織物(株)顧問(T. 13)
T. 5	依田作三院	東工機	M. 27	本店工務主任(T. 5)
T. 12	岡本一太郎	大商	M. 27	工場長(T. 12)
S. 10	山田三郎	東工	M. 28	支店工場主任(T. 5)日東紡取締役(S. 5)天満紡織常務取締役(S. 10)
T. 12	橋爪捨三郎	東大法	M. 28	副支配人(T. 5)取締役(T. 12)
S. 6	中村　庸	東商	M. 28	支店工場長(T. 5)取締役本社調査係長(S. 6)
T. 4	佐々間研造	K	M. 28	本店工場長(T. 4)
T. 9	永見　一	K	M. 28	支店工場長(T. 9)
S. 5	岡　四郎	東工機	M. 29	土京工場工務主任(S. 5)
T. 7	名取和作	K	M. 29	取締役(S. 7)
S. 10	佐藤暦次郎	K	M. 29	支店工場長(T. 5)錦華紡績社長(S. 10)
T. 8	鈴木恒三郎	K	M. 29	備前工場長(T. 8)
T. 8	江口章蔵	K	M. 29	支店工場長(T. 4)本店庶務主任(T. 8)
T. 5	佐々木政次院	K	M. 31	和歌山工場長(T. 5)
T. 15	安永省三	東工	M. 31	久留米支店工務主任(T. 15)
S. 9	原愛之進	K	M. 32	調査主任(T. 5)神戸営業部主席秘書(T. 9)
T. 5	曾根藤九郎	大商	M. 32	支店工場長
T. 14	福原八郎	東商	M. 32	支店工場長(T. 5)取締役(T. 9)本店工場長(T. 14)

第2章　戦前期三大紡績企業における学卒職員

勤務終り年度	名　前	大学名	卒業年度	役　職　名
T. 10	倉賀野政三	東工機	M. 32	支店工場主任(T. 10)
T. 12	渡辺　博	東工機	M. 32	西大寺工場織布部主任(T. 12)
T. 9	平井國三郎	東　商	M. 33	調査主任(T. 9)
T. 7	上田清次	大　工	M. 33	岡山絹糸工場工務主任(T. 7)
S. 6	武藤直軀	東工機	M. 33	新町工場工務主任(T. 5)日本絹織取締役工務部長(S. 6)
T. 7	松村　晋	京大機	M. 33	支店工務主任(T. 7)
T. 10	渋谷主税	大高工	M. 34	支店織布部主任(T. 10)
S. 10	渋谷省三	大　工	M. 34	支店工務主任(T. 4)織布技師長(S. 10)
T. 5	神田赫郎	東工機	M. 35	支店工務主任(T. 5)
T. 7	浅部三夫	久留米商	M. 35	支店,倉庫係主任(T. 7)
T. 9	望月栄作	東　大	M. 35	技師長(T. 4)取締役(T. 9)
T. 12	浜田三郎	大工機	M. 36	営業部調査部主任技師(T.12)
S. 6	小沢孝次郎	K	M. 36	支店人事系主任(T.12)
T. 12	安藤新六	大工舶	M. 36	洲本支店原動部主任(T. 12)
S. 3	古宇田唯吉	K	M. 36	支店工場長(T. 12)人事課長(S. 10)備前工場長(S. 3)
S. 5	大西牛之助	久留米商	M. 37	久留米支店倉庫係主任(S. 5)
S. 13	安部田真延	東工機	M. 37	彦根絹糸工場長(S. 13)
S. 8	鈴木末男	東工機	M. 37	支店工場調査係主任(S. 8)
S. 5	渡辺亀之輔	久留米商	M. 37	支店倉庫係主任
S. 2	長谷川峯造	京工芸	M. 38	支店工務主任(S. 2)
S. 13	門田　秀	大　工	M. 38	支店工務主任(T. 7)錦華毛糸取締役(S. 13)
S. 12	小笠原佐助	大工機	M. 38	支店工務主任(T. 12)
S. 12	小沢安太郎	早大政経	M. 38	第一ラミー紡績取締役社長(S. 12)
S. 7	中山安治郎	大高工	M. 38	天満織物(株)取締役技師長(S. 7)
T. 5	有松貞重	東大機	M. 38	備前工場工務主任(T. 5)
T. 14	朝倉省三	東大法	M. 38	岡山絹糸工場長(T. 2)下京工場工場長(T. 14)
S. 10	鈴木正武	東外語	M. 38	支店工場長(S. 10)
S. 12	酒井宗吉	東　工	M. 38	岡山絹糸工場工務主任(T. 12)錦華毛糸専務取締役(S. 12)
S. 12	溝畑元太郎	大　工	M. 38	営業部紡績部技師長(S. 12)
S. 1	前田良夫	東大機	M. 38	上海紡織(株)取締役技師長
S. 12	城戸秀吉	東大機	M. 38	取締役兼工務課長(S. 12)

第2-2表　東　洋　紡

勤務終り年度	名　前	大学名	卒業年度	役　職　名
S. 7	岡　常夫	東高商	M. 10	専務取締役(T. 9)
S. 13	阿部房次郎		M. 25	副社長(T. 10)取締役社長(T. 15)
S. 1	大塚和吉	東工機	M. 26	常務取締役(T. 10)
S. 12	木村知四郎	東　商	M. 27	〃　　(T. 10)
S. 13	岩尾徳太郎	東工機	M. 28	〃　　(T. 10)
S. 12	真野愛三郎	東工機	M. 28	〃　　(T. 10)
S. 16	庄司乙吉	東　商	M. 30	取締役副社長(T. 15)社長(S. 10)
T. 9	黒田小環次	東　工	M. 31	工場長　(T. 8)
S. 16	伊藤伝七	高　商	M. 33	取締役副社長(T. 3)取締役社長(T. 5)
S. 5	水内大太	東工電	M. 33	営業所(T. 10)動力課課長(S. 4)
S. 12	山東友三郎	大　工	M. 34	三軒家工場長(T. 5)取締役(S. 8)
S. 16	岡本勝三	東高工機	M. 34	大阪合同紡績本社工務課(S. 6)調査役(S. 16)
T. 9	館八洲彦	京大機	M. 36	名古屋工場長(T. 5)三軒家工場長(T. 7. 8. 9)
S. 9	鈴木育太郎	東工機	M. 37	津泉工場長(T. 4)尾張工場長(T. 8)浜松工場長(T. 12)
S. 13	服部廉輔	東大機	M. 37	愛知工場長(T. 7)取締役(S. 4)
S. 12	山口仲次郎	京大機	M. 38	大阪合同紡績取締役(S. 6)
S. 13	中山秀一	東高工	M. 38	商事課課員(T. 8)取締役(S. 9)
S. 16	菱田逸次	東　商	M. 38	商事課課員(T. 8)参与(S. 4)
S. 5	山辺武彦	東　大	M. 38	四貫島工場長(T. 5)参与,職工課長(T. 13)取締役(S. 3)
S. 2	屋代清蔵	東　工	M. 38	栗橋工場長(S. 1)
S. 16	種田健蔵	京大機	M. 38	津工場長(T. 8)専務取締役(S. 10)社長(S. 15)
S. 13	小川直三	東高工機	M. 39	四貫島工場長(S. 4)参与(S. 13)
S. 13	益子愛太郎	京大工	M. 39	知多工場長(大. 8)参与(S. 5)常務取締役(S. 13)
S. 13	野村清一郎	東京工電	M. 40	動力課(S. 8)昭和製機KK常務取締役(S. 10)
S. 13	松坂啓三	東　工	M. 40	川之石工場長(T. 8)取締役(S. 11)
S. 6	宇田川有保	早大商	M. 40	山田工場職工係主任(S. 5)
S. 16	鈴木徳蔵	京工芸	M. 40	織布課課員兼研究課員(S. 4)常務取締役(S. 13)
S. 16	作川鐸太郎	大　工	M. 40	職工課主任心得(T. 8)取締役(S. 10)
S. 12	中村真爾	大　工	M. 40	王子工場長(S. 4)王子,栗橋工場長(S. 8)
S. 16	土屋喜太郎	大　工	M. 40	富田工場長(T. 11)取締役(S. 10)
S. 13	大西英男	大　工	M. 41	津島工場長(T. 9)愛知工場長(T. 12)
S. 16	澤　重保	神　商	M. 41	商事課課員(T. 3)常務取締役(S. 17)
S. 16	左川甚三	京工芸	M. 41	副工場長(S. 4)織布課課長(S. 7)
S. 4	海野　謙	K　大	M. 41	西成工場職工係主任(S. 3)

第2章　戦前期三大紡績企業における学卒職員　　　　　　　　　　　　43

勤務終り年度	名　前	大学名	卒業年度	役　職　名
S. 13	磯貝富士雄	名　工	M. 41	桑名工場工務係(T. 4)神崎工場(S. 12)
S. 16	小倉秀雄	山口高商	M. 41	京城出張所長(S. 7)東京出張所長(S. 12)
S. 16	根岸　光	名高工色	M. 41	守口工場長(S. 7)取締役兼東洋クロス事務取締役(S. 16)
S. 13	大井善四郎	大高工機	M. 41	三軒家工場長(S. 8)山田工場長(S. 10)参事(S. 13)
S. 16	服部鋏三郎	東高商	M. 42	計算課長(S. 12)中村綿布事務取締役(S. 16)
S. 16	津田美實	名　工	M. 42	織布課長代理(S. 7)
S. 10	羽賀俊昌	名工機	M. 42	内外紡績工場長(S. 2)
S. 10	岡　桂三	東大法	M. 42	専務取締役(S. 7)
T. 12	林忠太郎	名　京	M. 42	名古屋工場職工係(T. 8)
S. 16	松村楢一郎	東　工	M. 42	尾張工場長(S. 4)参与(S. 10)取締役(S. 18)
S. 12	津田秀夫	東工機	M. 42	名古屋工場係主任(T. 9)研究課員兼職工教育所員(S. 7)
T. 12	竹田　安	京工芸機	M. 42	津工場工務係(T. 8)
S. 5	馬場太次郎	東高工機	M. 42	原動係主任(T. 13〜S. 5)
S. 7	長領　昇	名高工機	M. 43	知多工場工務係
S. 16	井上千夫	神高商	M. 43	株式課長(S. 7)監査部部長(S. 16)
	河野快蔵	熊工(機)	M. 43	四成工場工務係
T. 14	高橋辰五郎	新　工	M. 43	四貫島工場工務係(T. 12〜14)
S. 16	沢村策馬	熊　工	M. 43	小板島工場長(S. 7)参事(S. 16)
S. 12	吉海政信	東工機	M. 43	宮川工場長(S. 4)一宮(S. 8)
S. 16	順知元直	東工機	M. 43	参与兼工作部長,営業課長兼取締役他(S. 16)
S. 7	黒田源三	東高工	M. 43	動力課(S. 4)
S. 16	珠玖退蔵	京工芸	M. 43	加工課課長(S. 7)参与羊毛工業部長総務課長(S. 16)
S. 16	小林徳三郎	名　工	M. 43	栗橋工場長(S. 4)参与(S. 16)
S. 16	伊藤栄太郎	名　工	M. 43	愛知工場工務係(T. 8)
S. 13	福持寿雄	大　工	M. 43	堅田工場長(S. 8)富田工場長(S. 12)
S. 16	川合重三郎	大　工	M. 43	浜松工場長(S. 7)紡績課長(S. 16)
S. 16	森山弘助	東高工機	M. 43	研究課(S. 8)教育所所長(S. 10)
T. 12	小谷三郎	東　商	M. 43	大宮商事課(T. 8)
S. 13	戸田　稔	京商工	M. 43	知多工場副工場長(S. 41)参事(S. 7)桑名工場長(S. 11)
S. 16	伊丹英松	早大商	M. 43	会計課,課長代理(S. 7)計算課長(S. 16)
S. 13	中川久吉	早大商	M. 43	四日市工場人事係主任(S. 7)

勤務終り年度	名 前	大学名	卒業年度	役 職 名
S. 16	小林輝雄	東 北	M. 44	津工場長(S. 7)天満工場長(S. 8)参事(S. 16)
T. 12	米原 豊	名 工	M. 44	津工場(T. 5)
T. 10	加藤 憲	東北大(工)	M. 44	川之石工場工務係(T. 8)
T. 8	野々村弘	関 大	M. 44	用度係
T. 14	井阪修五	神 商	M. 44	富田工場倉庫主任(T. 8)
S. 16	伊藤平七	大工機	M. 44	京城工場長(S. 7)参与兼南紀専務取締役(S. 16)
S. 6	上原卯吉	大 工	M. 44	工務係
S. 16	山本武夫	神高商	M. 44	裕豊紡績上海工場用度兼倉庫係(S. 7)
T. 13	亀井紋治	神 商	M. 44	尾張工場用度係(T. 5～10)
S. 13	宮田清治郎	名工機	M. 44	知多工場工務係(T. 8)
S. 16	中野敬三	熊工機	M. 44	愛知工場長心得(S. 8)調査役兼中村織布業務取締役(S. 16)
T. 12	伊藤常次	東工機	M. 44	館林工場工務主任(T. 12)
S. 13	江島 浩	東 工	M. 44	福島紡績徳島工場織布部長(S. 5～13)
S. 13	谷口泰次	京工芸	M. 44	川之石工場長(S. 4)知多工場長(S. 8)
S. 16	森田繁三	京工芸	M. 44	赤穂工場長(S. 8)常務取締役(S. 15)参与(S. 16)
S. 13	三浦完二	名高工機	M. 44	富田副工場長(S. 12)参事(S. 13)
S. 13	漆田純一	東高工紡	M. 45	尾張工場長(S. 13)
S. 13	吉田 正	〃	M. 45	宮川工場長心得(S. 8)
S. 12	岡 実三	東工機	M. 45	神崎工場工務主任(S. 12)
S. 13	吉川一郎	東 工	M. 45	四日市工場長(S. 8)工務部部長附(S. 13)
S. 13	矢島猛男	東 工	M. 45	東京キスリン紡織亀戸工場長(S. 5～8)
S. 16	西村利美	東大工	M. 45	知多工場長(S. 4)参与(S. 7)東洋重工専務取締役(S. 10)
S. 13	原田武一	東大機	M. 45	伏見工場長(S. 4)小松島工場長(S. 8)
S. 16	谷山敬之	東高工紡	M. 45	裕豊紡績上海工場長(S. 8)ゴム化工専務取締役(S. 16)
S. 16	垣東和三郎	東大経	M. 45	庶務課課長(S. 10)東洋重工専務取締役(S. 16)
S. 13	加藤 規	京高工芸	M. 45	工務係主任(S. 5)大阪製麻技師長兼工場長(S. 9)
S. 12	江野村規	京工芸	M. 45	愛知工場工務係(T. 8)
S. 12	平野二郎	京工芸機	M. 45	四貫島工場工務係(T. 8)
T. 10	落合藤平次	大 工	M. 45	四日市工場工務係(T. 8)
S. 16	川野 満	神 商	M. 45	商事課課長代理(S. 10)統制副部長兼調査課長(S. 16)

勤務終り年度	名　前	大学名	卒業年度	役　職　名
S. 13	高坂清一郎	東高工務	M. 44	伏見工場長(S. 8)参事(S. 13)
T. 12	山下重俊	東工機	M. 44	伏見工場工務係(T. 8)
S. 5	村手省吾	名工	M. 44	織布課課員(S. 4)

第2-3表　大日本紡の明治期の学卒者（原則として26年以上在勤者）（明治18～41年）

M	学歴	氏名	尼紡摂津紡社長	日本レイヨン社長	
18	東工大(キ)	菊池泰三	尼紡摂津紡社長	日本レイヨン社長	会長（日本レイヨン社長）
19	東 大(キ)	佐伯利隆	尼紡工務部長		監査役
23	東京法学院	黒田禺六	摂津紡高田工場庶務主任		鹿児島出張所長心得
23	東 工(キ)	橋木辰二	尼紡深川工場長		平野撚糸顧問
25	東 工(キ)	中原義純	摂津紡、木津川工場、主任		昭和紡績取締役
25	東 工(キ)	松原益二郎	摂津紡明石工場、主任		名古屋紡績、常務取締役
25	東高工	山本豊蔵		日本絹糸紡岐阜工場長	山崎工場長
26	東 工(キ)	西脇弥芳雄	摂津紡郡山工場長		郡山分工場
27	東 工(キ)	広瀬茂一			取締役技師長
28	大 商	林徳太郎	摂津紡明石工場庶務係		取締役レーヨン監査役
28	大高商	塚口瞻治	摂津紡取締役		取締役（日本絹弁毛紡取締役）
	関大法	矢延軒治			福島工場
29	東 工(キ)	斎木虎吉	摂津紡高田工場、主任技手		内外綿技師長、工場長
29	東 大(キ)	古田五郎			尼崎工場
30	東 大(キ)	松村諮成	摂津紡取締役	常務取締役	常務（日本レイヨン取締役）（日本絹織取締役）
	大高商	竹尾治右衛門		販売課長	取締役
32	K大理中退	倉田敬三	尼紡、尼崎工場、副長		常務取締役
34	東 工(キ)	井上億一	尼崎紡第一工場主任		近藤紡績所取締役
34	大 商	古池覚蔵	尼紡一宮工場商務係	山崎工場事務長	四等
35	福岡工(キ)	森田寛四郎	尼紡一宮工場工務係		明石工場会計主任績係
	K大理	小寺源吾	尼紡営業部副部長兼売買課長	常務取締役	社長（日本レイヨン取締役）

第2章　戦前期三大紡績企業における学卒職員

No.	学歴	氏名	摂津紡・尼紡	橋場工場	東京工場
36	大高工（キ）	二宮誠之	尼紡深川工場医務係主任		深川工場医務係主任
	済生学金医	松岡亀蔵		常務取締役	日本レイヨン取締役
37	京大（キ）	逢坂佐七	尼紡, 尼崎, 工場長		深川工場工務係
	大工（キ）	佐野訓之輔	尼紡, 深川工場, 紡績係	一宮工人事付	深川工場人事係
	早大法	国島和十郎			日本絹織人事主任
	大医	土肥原太郎	摂津紡明石工場長		明石工場人事係
38	東工染（キ）	有松貞重		鐘紡工務主任	福島工場長
	東工（応化）	古藤田鋼吉	尼紡, 橋場工場, 織布主任	橋場工場長, 津守工場長	和歌山紡織取締役
	〃（キ）	事田藤太郎	尼紡, 福島工場, 加工係主任		京成工場長化工課員
	〃（キ）	松本一郎	摂津紡, 木津川工場, 副工係主任	明石, 大垣, 一宮工場長	津守工場長
	〃（キ）	津島虎（秀）夫（吉）	摂津紡, 高田工場, 技手		高田工場紡績係
	〃（キ）	高井静吉		郡山工場長	三井物産
	京医専	赤井　直	尼紡, 尼崎工場医務係主任		尼ヶ崎医務係主任
39	東大（キ）	多田豊毛	尼紡, 福島工場長	摂津工場長	津守工場長
	東工（キ）	前田弥太郎	尼紡, 津守工場技手, 紡績部主任	橋場工場, 紡績部主任	津守工場技師, 橋場工場三等
	〃	窪田良輔	摂津紡, 郡山工場技手		和歌山染工取締役
	大工（キ）	三品頼雄	尼紡, 一宮工場, 紡績部主任	津守工場長	愛知織物
	〃〃	加藤竹二郎	摂津紡, 木津川工場, 技手		名古屋紡織, 技術部長
	大商	池田耕三	摂津紡, 大垣工場長		監査役参与
	京大マサチュセッツ工大	今村奇男		常務取締役	日本レイヨン取締役
	東洋大	沖田虎一		職工課	四等
	京医大	神部秀俊		津守工場医務係主任	津守工場人事係

校	氏名	初任	経歴	現職・等級
東工（手）	本多英一	尼紡, 深川工場	平野, 明石, 高田工場, 橋場工場, 紡績係, 工務係	大垣工場長　四等
〃（紡）	小林市太郎	尼紡津守工場		
東工（染）	大井愛助	尼紡橋場工場長	尼紡事務取締役, 紡績係, 工務係	旭紡織取締役会長
早大（商）	渡辺　周	尼紡橋場工場長	本社研究課長	旭紡織取締役, 監査役兼計算課長
早大（商）	原田忠（良）雄	尼崎東京出張所, 販売係兼庶務係		
40 京工芸（キ）	林常次郎	摂津紡, 木津川工場, 技手	明石工場長代理	宇部紡績工場長
大帝大工機	村上輔継	摂津紡, 町田工場, 工務係	野田工場工務係	四等
大　商	近藤宗治	摂津紡, 本社, 倉庫係, 兼綿花係	東京出張所, 参事	泰安紡績常務取締役兼計事務
大高工機	荒井米一	摂津紡, 高田工場, 工務係	摂津・福島, 高田工場長	高田工場長
東　大（キ）	井上相如			技術課
大　工（造）	藤縄一郎	尼紡福島工場, 技師	摂津紡績所副長	一宮工場
〃（キ）	加藤健吉	摂津紡, 明石工場, 技師	近藤紡績所副長	四等
〃（キ）	池田角蔵	尼紡福島工場	営業課, 査業課, 技術課	
関　大	大崎萬太郎	摂津紡, 調査係		秘書役, 一等
京　大（キ）	湯浅徹世	摂津紡, 野田工場主任	一宮, 橋場, 関ヶ原, 鹿児島工場長	尼崎, 福島工場長, 一等
京　大（工）	岩田政一			大正製林工場技師長
41 京工芸（キ）	山下　繁			内海紡織工場長
〃	長尾正義	尼紡, 津守工場工務係		工場課員
早大（商）	炭井武雄	尼紡, 東京出張所深川工場用度係主任		日本レイヨン庶務課長

第3-1表　紡績会社取締役比較

	〈鐘紡〉			〈東洋紡〉			〈大日本紡〉		
	文系	理系	学歴なし	文系	理系	学歴なし	文系	理系	学歴なし
1920年（大 9）	6	1	1	2	3	1	2	2	8
1930年（昭 5）	7	1	0	5	3	1	5	4	1
1937年（昭12）	8	1	0	5	5	0	5	4	1

第3-2表　学卒職員分類

	〈鐘紡〉		〈東洋紡〉	
	文系	理系	文系	理系
1916年（大 5）	117名(52%)	110名(48%)	22名(20%)	87名(80%)
1920年（大 9）	125名(55%)	101名(45%)	36名(21%)	136名(79%)
1928年（昭 3）	96名(53%)	86名(47%)	24名(17%)	115名(83%)

	〈大日本紡〉	
	文系	理系
1919年（大 8）	35名(23%)	115名(77%)
1928年（昭 3）	33名(27.5%)	87名(72.5%)

第4-1表　鐘紡の工場長（1912年，1916年，1923年）

東京本店	1912	山口八左右　K大(明21)	京都支店	1912	瀧川定次　大商(明22)
		佐久間研造　K大(明28)		1916	〃
		橋爪捨三郎　東大法(明28)		1923	〃
		武内豊太郎　—	高砂支店	1912	瀧川勝一郎　—
	1916	藤正純　K大(明25)		1916	〃
	1923	多和田督太郎　K大(明25)		1923	永見一　K大(明28)
兵庫支店	1912	福原八郎　東京(明32)	岡山支店	1912	佐藤暦次郎　K大(明27)
	1916	〃		1916	〃
	1923	〃		1923	渡辺寅蔵　K大(明25)
住道支店	1912	永見一　K大(明28)	和歌山支店	1912	佐々木政二郎　K大(明31)
	1916	曾根藤九郎　大商(明32)		1916	〃
	1923	古宇田唯吉　K大(明36)		1923	平井孟雄　K大(明43)
中島支店	1912	大澤重三　—	上京工場	1912	朝倉省三　東大(明38)
	1916	川辺喜一郎　—		1916	本間竹三郎　—
	1923	井口茂寿郎　—		1923	井内善次　K大(明45)
洲本支店	1912	中村庸　東商(明28)	下京工場	1912	(兼)瀧川定次　大商(明22)
	1916	〃		1916	岡本一太郎　大商(明27)
	1923	〃		1923	本間竹三郎　—
三池支店	1912	多和田督太郎　K大(明25)	新町工場	1912	岡本一太郎　大商(明27)
	1916	永見一　K大(明28)		1916	山名肇　K大(大2)
	1923	川畑恒三　K大(明45)		1923	〃
久留米支店	1912	江口章蔵　K大(明29)	岡山絹糸工場	1912	山名肇　K大(大2)
	1916	広瀬朝三　K大		1916	朝倉省三　東大(明38)
	1923	林申七　第五商		1923	〃
熊本支店	1912	曾根藤九郎　大商(明32)	備前工場	1912	(兼)佐藤暦次郎　K大(明27)
	1916	遠藤宗六　K大(明39)		1916	〃
	1923	加集和三郎　K大(明44)		1923	広瀬朝三　K大
中津支店	1912	三宅郷太　K大(明25)	西大寺工場	1912	津田信吾　K大(明40)
	1916	渡辺寅蔵　K大(明25)		1916	〃
	1923	竹野敬司　K大(明43)		1923	岡本一太郎　大商(明27)
博多支店	1912	渡辺寅蔵　K大(明25)	大阪支店	1916	三宅郷太　K大(明25)
	1916	松浦新三郎　—			〃
	1923	神崎昌太　K大(明45)	淀川工場	1923	津田信吾　K大(明40)

第2章 戦前期三大紡績企業における学卒職員

第4-2表 東洋紡の工場長（1916年）

四日市工場長	種田健蔵	京大（明38）
愛　知　〃	館八洲彦	京大・機（明36）
津　〃（兼）	大塚和吉	東工（明26）
名古屋　〃（兼）	館八洲彦	京大・機（明36）
尾　張　〃	中島半三郎	東工・機（明28）
津　島　〃	鈴木育太郎	東工（明37）
桑　名　〃	藤山槙人	東工・機（明26）
知　多　〃	東元太郎	―
西　成　〃	池田豊男	東工・機（明32）
王　子　〃	小野　董	―
栗　橋　〃（兼）	〃	―
三軒家　〃	山東友三郎	大工（明34）
四貫島　〃	────	
伏　見　〃	土屋喜太郎	大工（明40）
川之石　〃	墨田小環次	東工（明31）

第4-3表 大日本紡各工場長（1921年）

工場名	工場長	大　学	卒業年度
尼崎工場	橋本辰二	東工（機）	明25卒
摂津工場	松原益二郎	東工	明25
津守工場	武田信民	非学卒者	
福島工場	多田豊毛	東大（機）	明39
野田工場	進藤省吾	学歴なし？	不明
平野工場	山田亀四郎	非学卒者	不明
高田工場	大島　茂	東大（機）	明40
郡山工場	西橋弥寿雄	東工（機）	明26
明石工場	斎木虎吉	東工	明29
一の宮工場	中原義純	学歴なし？	不明
大垣工場	今村奇男	京大（機）マサチュセッツ工大	明39
深川工場	橋本辰二	東工（機）	明25
橋場工場	渡辺　周	東大（機）	明40
東京出張所	有賀松彦	非学卒者	不明

第5表　出身校分類別鐘紡の学卒職員数

A大学　B高商　C理系大学　D理系工専

入社年	A	B	C	D	(A+B)+(C+D)		Total	
明37			1			1		1
40			2	1		3	4	3
42	1			4	1+	4	9	5
43	1				1		10	1
44	2				2		12	2
大2	4		1	6	4+	7	23	11
3	2	2		1	4+	1	28	5
4	3			2	3+	2	33	5
5	2	2	1	5	4+	6	43	10
6	4			1	4+	1	48	5
7	5			5	5+	5	58	10
8	7			4	7+	4	69	11
9	3		1	6	3+	7	79	10
10	7	4		4	11+	4	94	15
11	13	5	1	9	18+	10	122	28
12	4	5		2	9+	2	133	11
13	6			4	6+	4	143	10
14	5	4			9		152	9
15	5	6	2	4	11+	6	169	17
昭2		2			2		171	2
3	8	5		3	13+	3	197	26
4	9	7		3	16+	3	216	19
5	3	4	1	2	7+	3	226	10
6	6	1	2	3	7+	5	238	12
7	6	5		6	11+	6	255	17
8	17	8	7	20	25+	27	307	52
9	25	15	3	20	40+	23	370	63
10	22	7	3	33	29+	36	435	65
11	24	20	4	45	44+	49	528	93
12	43	18	8	45	61+	53	642	114
13	51	32	6	46	83+	52	777	135
14	12	26	6	23	38+	29	844	67
15	12	33	10	17	45+	27	916	72
16	34	45		44	79+	44	1,039	123
17	13	10		23	23+	23	1,085	46
18	9	29		30	38+	30	1,153	68
19	23	38		22	61+	22	1,226	73
20	4	7		8	11+	8	1,245	19
21	1	3		7	4+	7	1,256	11
22				1		1	1,257	1
計	396	343	59	459	739	518		1,257

（注）Total の左側は累計

第2章　戦前期三大紡績企業における学卒職員

第6表　大正期の学卒職員（東洋紡）

名前	大学名	卒業年度	最初のポスト	役職名	最終在社年度	在社期間
地主要祐	明工専	T.2	四日市工場工務係	S.16 紡績課長代理	S.16	22
瀬理敏	名工	T.2	知多工場工務係	S.13 呉羽紡工場長	S.13	23
宮地眞澄	京大機	T.2	津工場工務係	S.5 宮川工場長	S.5	18
早川次郎	旅順高工	T.2	富田工場工務係	S.13 宮川工場長、S.16 調査役	S.16	22
松森直民	大工	T.2	富田工場工務係	S.16 知多工場長	S.16	22
西本広一	東工紡	T.2	知多工場工務係	S.13 知多工務主任、S.13 日清紡績名古屋工場長		
松広ラー	大工	T.2	四貫島工場工務係	S.5 本店織布課	S.5	11
不破定和	京工芸機	T.2	三軒家工場工務係	S.13 四日市工場長、S.16 天津事務所	S.16	22
余吾忠三郎	名工芸	T.2	川之石工場庶務会計	S.16 津工場支配人	S.16	9
中野渡	大工商	T.2	守口人事課兼庶務会計	S.16 津副工場長	S.16	22
三橋楠平	京大法	T.3	調査課兼工務係	S.8 調査課々長、S.16 参与兼東洋化学取締役	T.14	6
矢田部忠彦	慶大理財	T.3	倉庫課	T.14 四貫島工場倉庫係		
山本薫	米工	T.3	知多工場工務係	S.10 川之石工場織布課主任、S.13 伊達製作所工場長	S.16	19
伊々崎作治	熊医専	T.3	衛生課々員	S.16 人事部衛生課々長代理	T.12	4
鳥山隆夫	明大商	T.3	四貫島工場倉庫係	T.12 四貫島工場倉庫係	T.14	6
松谷栄太郎	明大商	T.3	津職工係	T.14 山田工場職工係	T.13	6
杉山誠一	熊高工	T.3	住吉工場工務係	T.9 住吉工場工務係	T.9	6
中尾庸一	熊工機	T.3	名古屋工場工務係	T.9 三軒家工場人事庶務会計	T.9	6
丸岡亀雄	徳島商大	T.3	桑名工場人事庶務会計	S.15 人事部部長附、S.16 大山人事庶務会計	S.16	9
山崎清三	名工	T.3	知多工場工務係	S.13 一宮工場長、S.16 技術課々長	S.13	19
小松原信	大工	T.3	名古屋工場工務係	T.12 桑名工場工務係、S.9 府中織物工務主任	S.16	19
羽田定次郎	名工	T.3	知多工場工務係	S.5 紡績課		
豊田謙基	京高工	T.3	津工場工務係	T.8 四貫島工場	T.8	3
桑原政敏	京工芸	T.3	知多工場	S.10 加工課々長代理、S.16 調査役兼東洋染色調査役	S.16	22
小川亨	京工芸	T.3	三軒家工場工務係	S.13 調査課々長代理、S.16 調査役兼東洋染色調査役	S.16	22
杉田泰一	大高商	T.3	津工場職工係		S.16	9

氏名	学校	卒年	初任	経歴	年	№
斉藤信三	京大(機)	T.3	津工務係	S.13 平田製鋼紡績工場長	S.13	19
石井文一	東工	T.3	津工場	T.12 日本ビードロ、工務主任	S.16	22
阿部市次郎	東高工機	T.3	王子工場	S.16 工作部原動課々長代理	S.16	22
津田千秋	東大機	T.3	三軒家工務係	S.11 紡績部原動課々長、S.16 中支委任工場取締役	S.16	9
片山康爾	神高商	T.3,4?	人事係主任	S.16 調査役	S.16	22
木村省三	東工紡	T.4	西成工務係	S.16 紡績課々長代理	S.16	22
浅田金也	名工紡	T.4	四日市工場工務係	S.13 紡績工場長、S.16 参事	S.16	22
小原巷之助	大高工機	T.5	王子工場工務係	S.16 二見工場長	S.16	5
中西永治	関西大	T.4	四貫島工務係	T.13 四貫島工場工務係	T.13	4
田畑留七	関西大	T.4	富田職工係	S.10 浜松人事係主任、S.13 呉羽紡大門人事係主任	S.10	9
伊藤慶我	大工	T.4	川之石工場用度兼倉庫係	T.12 川之石工場用度兼、倉庫係	T.12	22
稲田政幸	大機工	T.4	伏見工務係	S.16 伏見工場工務係	S.16	22
佐伯正夫	名工	T.4	伏見工務係兼天満工務係	S.10 電気課々長代理	S.10	11
沢路茂雄	京工芸機	T.4	津島倉庫係	S.16 天満工場長、S.16 調査役	S.16	19
伊藤清一	四日市商	T.4	大阪倉庫係	S.5 知多工場倉庫係主任、用度	S.5	11
目良近	工	T.4	王子工務係	S.8 研究課々員	S.8	5
讃井重敏	明専機	T.4	四日市工務係	S.13 研究課々員、S.13 紡績課	S.13	22
諸岡武雄	名工	T.4	王子工務係補	S.5 富田工場工務係	S.7	22
寛野真三	東商工	T.4	大阪合同紡績天満支店	S.13 天満工場、庶務課	T.13	22
落合信治	東大機	T.4	津工務係		S.	5
南日良吉	東大機	T.5	三軒家工務係	S.16 内外綿金州支店長	S.16	22
成瀬真平	名工機	T.5	富田工務係	S.10 工務部々長代理、S.16 調査役	S.16	22
服部盛道	米高工	T.5	津島工務係	S.13 工務課々長代理、S.16 工場長、S.16 調査役	S.16	22
池田泰三	大高工機	T.5	大宮工務係	S.16 三本松工場長	S.16	22
新宮真栄	熊高工機	T.5	愛知工場員	S.12 大曽根工場工務係	S.12	18
三浦興一	東大機	T.5	山田調剤員	S.15 山田工場薬剤長	S.16	12
樋口修一	愛知薬大	T.5	衛生課々長	S.16 人事課衛生課々長	S.16	12
南俊治	九大医	T.5	津工場工務係代理	S.10 織布課長代理	S.16	22
西村陽吉	京工芸	T.5	津工場工務係代理	S.10 織布課長代理	S.16	22

第2章 戦前期三大紡績企業における学卒職員

氏名	学校	入社年	初任配属	後の役職	年	歳
船橋政次	名工紡	T.5	伏見工場工務係	S.16 今治工場長	S.16	22
田村慶三	名工機	T.5	名古屋工場工務係	S.16 神崎工場長	S.16	22
内山武雄	大工機	T.5	大阪四貫島工場工務係	T.12 四貫島紡績部主任	T.12	4
堀内友四郎	東大工芸	T.5	大宮工場工場課	S.2 山田工場工務係	S.2	8
稲葉庸男	京工芸	T.5	四貫島工場工場課	S.12 紡績課	S.12	18
戸川四郎	東帝大機	T.5	名古屋工場工場長	S.13 川之石工場長	S.13	5
井村理一	大高工機	T.5	住吉工場長	S.16 東洋精麻、吉林工場長	S.16	20
京屋佑一	大高工機	T.5	紡績課兼加工課	S.16 淵崎工場長	S.16	9
進藤竹次郎	大	T.6	大宮工場職加工課	S.13 人事課々長、S.16 取締役総務部長	S.16	22
藪田為三	東工機	T.6	大宮工場工務課	S.10 紡績課長、S.16 取締役製造部部長	S.16	22
市用重三郎	京工芸	T.6	津工場工務係	S.16 近江帆布、八幡工場	S.13	26
清水茂	大	T.6	四貫島工場工務課	S.13 神崎工場長	S.13	19
金森一正	関西学院	T.6	大宮工場用度係	T.12 大宮工場用度係主任	T.12	4
橋本豊	仙工機	T.7	富山田工場工務課	S.13 川之石工場工務係主任、S.13 愛知織布	S.16	22
山口保太郎	名高工紡	T.7	津工場工務係	S.5 一宮工場工務係		
服田俊三	京工紡	T.7	川之石工場工務係	S.16 桑名工場長	S.16	22
橋本哲三	京工機	T.7	知多工場工務係	S.12 紡績課、工務係	S.12	18
米益清一	大高工機	T.7	三軒家工場工務係	S.7 堅田、工務係	S.12	19
河口一夫	米高工機	T.7	愛知工場工務係	S.7 西成工場長心得、S.16 東洋染色二見工場長	S.16	24
副田俊平	名工紡	T.7	四貫島工場	S.13 中央紡績工場長	S.13	20
鎌田成彦	東高工紡	T.7	本社勤務	S.12 豊田武織機新川工場		
多田節夫	大工	T.8	西成工場工務係	S.12 大阪織物KK販売係主任	S.12	18
青木早苗	東高工機	T.8	津工場工場長心得	S.8 研究課、S.16 特殊加工課々長代理	S.16	12
浜田節二	大高工機	T.8	愛知工場工場長心得兼倉庫係	S.16 愛知工場長	S.16	9
荒木茂之助	明大	T.8	桑名工場用度兼倉庫係	S.13 大曽根工場用度倉庫係	S.13	9
今中秀次郎	名高工紡	T.8	津工場工務係	S.10 仁川田工場長、S.16 調査役	S.16	12

第7表　戦前期東洋紡の役員略歴

進藤　竹次郎	M25生	T6　東法
		同社庶務課長　人事課長　重役秘書
	昭15	取締役
阿部　孝次郎	M30生	T10　東機
	昭9	四貫島工場
		紡績課長代理歴任
	17	工作部長　兼　営繕課長
	同	取締役
藪田　為三	M27生	T6　東工機
	6	四貫島工場紡織実習
	7	本店工務課
	8	〃　課員
	9	四貫島工場工務係
	14	本店工務課員
	S2	堅田工場工務係
	3	昭和レーヨン転籍
		堅田工場工務主任
	5	工場長
	8	敦賀工場　建設事務担当
	9	同　工場長
	同	（6月）東洋紡と合併
	13	紡績課長　兼　絹毛課長
	14	参与　兼　紡績課長
		〃　製造部長　兼　紡績課長
	15	取締役
	17	羊毛工業部長　兼　設備課長
		（11月）常務取締役
大野　弘男	M23生	T2神商　S6東洋紡入社
	S10	重役秘書
	13	計算課長
	14	（4月）調査課長
		（9月）整理部副部長　兼　企画課長
	16	業務部副部長　兼　企画課長
	17	取締役業務部長　兼　総務部長
美浦　敏三	M25生	M42尾道商業　同時入社（大紡）

第2章　戦前期三大紡績企業における学卒職員　　　　　　　　57

	T 3	合併　商事課員
	12	上海出張員
	14	名古屋支店商事課
	S 8	名古屋支店商事課長　専務取締役
	9	名古屋支店長
	15	(11月)調査役
		(12月)裕豊紡　取締役辞任
	18	東洋紡取締役
	19	東洋化学
神前　政幸	M26生	T4　大高　(機)　同入社
		四貫島工場　紡績実習
	T 6	伏見工場　工務係
	7	桑名工場　〃
	12	宮川工場　〃
	S 2	愛知工場　〃
	4	(5月)　名古屋工場
		(7月)　紡績課員
	7	浜松工場長　心得
	9	浜松工場長
	10	富田工場長
	14	忠岡工場長
	15	神崎工場長
	16	製造部特殊加工課長
	17	製造部紡績課長
	18	(8月)　特殊加工課長兼務
		(11月)　技術課長兼務
		繊維工業部副部長　兼　短繊維課長
	19	東洋煙草服分有限公司(取)就任のため依頼退職
斎藤　香	M35生	S2　京大経　同入社
	S 2	(3月)　四日市工場　職工係　事務実習
	3	山田工場　職工係
	4	〃　職工係
	7	四貫島工場　倉庫係　兼　用度係
	9	本店総務課員
	14	調査課長心得
	16	(8月)　人事部厚生課長心得
		(9月)　〃　課長
	18	(3月)　名古屋支店長事務心得

		名古屋支店長
	20	人事部副部長　兼　人事部総務課長
		（9月）　参与　兼　人事部長
		（12月）取締役　人事部長
作川　鐸太郎	M18生	M40 大工(機)　同大紡入社
	T 3	合併　川之石工場公務主任
	5	（1月）　三軒家工場工務係
		（8月）　津工場長
	8	職工課主任
	10	姫路工場長
	S 7	研究課長
	8	参与　兼　研究課長
		〃　　　工務課長代理
		〃　　　人事主任
	10	取締役人絹課長
		絹毛課長
	11	科学研究所長　事務取扱
	14	東洋人繊K　取締役
	15	東洋タイヤ　専務取締役
		（12月）　東洋紡取締役辞任
松村　楢一郎	M22	M42　東工　44　大紡入社
	T 8	愛知工場長補佐
	9	〃 事務取扱
	10	津島工場長　〃
	14	津島工場長
	15	尾張工場長
	S 7	姫路工場長
	10	羊毛課長
	11	絹毛課長
	12	参与
	14～18	東洋染色(専務)
	18	取締役
有元　憲	M22	M38　尾道商　入社
	T 4	満州主張員
	7	津工場　事務主任
	8	豊橋工場長　専務取扱
	9	本部　商事課員
	11	－　絹糸係主任心得

第 2 章　戦前期三大紡績企業における学卒職員　　　　59

	S 7	営業部係商事課糸係主任心得
		綿布係主任
		加工係主任
	8	同社商事課長
	9	販売課長心得
	12	参与兼　商事課長
	14	〃　　販売部長
	15	取締役
土屋　喜太郎	M16	M40　大工　同三重紡入社
	T 3	六等社員　四日市工場　工務掛
	4	伏見工場　事務取扱　(T6)五等社員
	9	四日市工場長　(9)四等社員
	11	富田工場長　(S元)三等社員
	S 8	参与兼　営繕課長　(8)二等社員
	10	取締役
	14	東洋化学　社長
	15	東洋紡取締役辞任
澤　重保	M18	M41　神商　43　三重紡入
	T 3	商業課員
	10	(8月)　倉庫課副主任
		(12月)　〃　主任　兼　商業課員
	S 4	倉庫課　米国出張
	8	参与兼　倉庫課長
	9	倉庫課長　購買課長　代理
	10	取締役
	17	常務取締役　原料部長

資料解説

　設問(1)と(2)は『紡織要覧』中の「紡織絆士録」に基づいて作成したものである．筆者は国会図書館にて各大学・高専で毎年発行されていた年報から卒業生の就職先の企業を詳しく検討した．それを基本資料として三大紡に入社した学卒職員の数を推計し（第1表），グラフで示してみたのが第1図である．このグラフが示す傾向は3社ともほぼ同様である．3社は日露戦争後，毎年学卒者

を定期的に採用し，第1次大戦期に至れば，その数は20名を越える年もあり，採用がピークに達している．驚くべきは第1表が示すように当時これら大企業が取り込んだ学卒者の数である．大戦直後の1916年において，それは鐘紡において250名を優に越え，東洋紡では100名，あるいは生誕時（1918年）の大日本紡で150名を数える，想像も出来ない大集団を形成していたのである．しかし，大戦の激しい施設拡大と中小紡績の乱立のなかで，1920年代に入ると紡績会社は不況期に入った．今まで広い市場であった中国において自国の外に在華紡が急増し，更に関税問題も加わって今まで最大の輸出市場に飽和点（saturation point）が訪れたのであり，それ以後の輸出のターゲットは米国とヨーロッパ各国に向けられたが，数年を経たずしてここでも輸出制限問題が起こったことは周知の通りである．戦後採用職員の激減が分かるがこれは1930年代初頭まで続きその後顕著な増加に転ずるのである．

設問(3) これは資料第2-1～2-3表を参照されたい．明治20年代から30年代前半の学卒職員は取締役への昇進の可能性は少なくなかった．もっとも創業の社員の中には学歴のない役員も多く，最高責任者の間で学卒者の支配を見出すことは一般に必ずしも多くはない．学卒中心の鐘紡などは異色であった．この対極の大日本紡では，大正7年に大日本紡績が尼崎紡と摂津紡の合同で形成された時，すべて以前の2社の役員が新会社においても取締役に残り，その数は16名に達し，しかもその中で学卒者は少数であった．「経営は人なり」と言う考え方から見れば，経営者は学卒者である必要は毛頭ないであろう．

設問(4)は第3-1～3-2表が貴重で示唆的な数字を示している．

鐘紡は特に注目に値する．この企業の大量の学卒者の特色は，その中に多数の慶応義塾の出身者が見られることである．従って学卒者のうち50％以上を社会科学系つまり文系出身者によって占めている点であろう．これは同時代に，東洋紡の約80％，大日本紡の77％が理科系出身者であったことと顕著な対象を構成しているのである．この3社の学卒者の色分けの相違は，3社の経営戦略における鮮やかな対照として後に結実するのである．

設問(5)に対してはまず第4-1表を参照されたい．鐘紡では文系の学卒職員

だけが工場長に成り得たと言う事実は，工場長の中心的職務が，工場管理の中でも特に労務管理に置かれ，逆にそれは鐘紡が如何に労使関係を重視してきたかを物語っているように思われる．まず理工系以外の者はすべて鐘紡の心臓である「営業部」に配置されて，武藤の特訓を受けたとされる．こうして入社した学卒職員は「営業部」から地方工場の職工係（長）を経て，工場長となったのである．理系出身者の多い東洋紡では第4-2表・第6表・第7表が示すように地方工場の工務係や職工係を経て40歳前後で工場長になっている．第1次大戦期に至れば学卒職員の多くが工場長のポストを得ている．大日本紡績の場合経験の積み重ねによって工場長に昇進した非学卒の職員が多いことは既述の通りで第4-3表がこれを語っている．

　設問(6)　これは既に10年以上も前に鐘紡本社で筆写したものである．敗戦直後における学卒社員が記録してあり，それを整理すると第5表のようになる．多角化が津田信吾社長のもとで強力に進められていた鐘紡では終戦時には実に1,000名を越す学卒職員を擁していたのだった．なお，一貫して文系中心であった．

　(7)の設問は第6表で明らかなように，大正期に入社した職員は事例が極端に多くなり，この激変期には紡績職員としての生活が流動的になったことを示しており比較的短期で退社した者がいる反面，同時にかなりの者が工場長への昇任を果たしている．しかし，役職ポストの不足に直面していた時代，取締役への昇進は不可能に近かった．役員は一度ポストにつけば健康を害さない限り長期化したのであり，大日本紡績の菊池泰三などそれは半世紀近くに及んだのである．

　設問(8)は第7表を参照されたい．取締役とは最高経営組織の成員であり，所有者ではないので，その地位に達するまでに入社してから中間管理者として管理業務に従事していたことが明らかである．

結　語

　チャンドラー教授は，アメリカの初期の大企業を，その経営者が同時に所有者である点を念頭において「企業者企業」entrepreneurial enterpriseとして次に到来する両機能が人格的に分離した「経営者企業」managerial enterpriseと区別したのであったが，実はこの企業者企業が現代企業として発展し得たのは，そこに至るまでに，数多くの学卒者を中間管理者として取り入れたからにほかならない．鐘紡を例にとれば，武藤山治が20世紀初頭に最高責任者となって以来毎年十数名の学卒者を定期的に採用した．第1次大戦期に至れば，その数は20名を越える年も少なからずあった．彼らと武藤との違いは，入社後武藤のように直ちに兵庫工場の責任を委ねられるというようなことはなく（武藤は明治17年慶應義塾を出て10年経てから鐘紡に入社した），まず，理工系以外の者はすべて鐘紡の心臓である「営業部」に配置されて，武藤の特訓を受け，綿工業の流れを，原綿購入から販売に至るまで全体として理解することを要請された．しかし同時に，この原綿購入と綿糸布の販売がどちらかと言うとスペシャリスト視されたのに対して，多くの学卒職員に要請されたのは，労務管理に対する資質であった．社会科学系の学卒職員だけが工場長になり得たという事実は，工場長の中心的職務が工場管理の中でも特に労務管理に置かれ，逆に，それは，鐘紡が如何に労使関係を重視してきたかを物語っているように思われるのである．入社した学卒職員はこのようにして「営業部」から地方工場の職工係（長）を経て，工場長となった．しかし取締役に定年はなかったので，1930年代の鐘紡では，ジャーナリズムで「取締役の老害」が指摘されることもあったのである．かくして第1次大戦前には「営業部」から直ちに工場長に転任することも往々であった同社でも，30年代になると殆ど終身雇用の最後に，その地位にさえ到達出来ない者も数多く見られるようになった．第2次大戦時，実に千名を越す学卒者を雇用していた鐘紡は，現在わが国で指摘されている役職ポストの不足に，既にこの時に直面していたように思われる．1930年代の同社の攻撃的

な経営拡張が，この厖大な経営者資源の存在の原因であったのか，逆に結果であったのか，恐らくは両面が存在したように思われるのである．

追記(1)　1935年11月19日付ランカシャ・コットン・コーポレイションの取締役会議事録にある次の記述を参照されたい．「奨学金制度に関する討議が会長のライアン，ジョーンズ教授及びホートン教授の間で行われて，紡績主任（spinning master）や梳毛主任（head carder）に対して奨学金が与えられるのが望ましいということになった」．
　1月21日付記録
　　「オルダム・テクニカル・スクールにおいて学位コースの試験を通過した後に経営者のポストのためにスカラーシップを与えるという問題が討議され，次のような案が示された．「技術委員会は一定の職位につくことを目的とする男と面会をしてもよいが，その際には一級は最初の年は年俸200ポンドであり，若し3年間の雇用に満足である場合には，毎年徐々に増加することが対案として出された．当社はマンチェスターテクニカルスクールに通知し，前途有望な卒業生と面接するのが望ましいと伝えることにした」．
追記(2)　筆者はハーヴァード大学で収集したアメリカの業界誌 Textile World の中で20世紀初頭にアメリカ紡績企業の20社ほどの紹介があり，その一部の企業の役員に大学（と呼称してもよい程度の）教育歴を有する所有者或いは役員を発見できたので，3例をここに提示しておこう．
（例示1）W. J. Kincaid．18歳の時に Ratherford Academy を卒業．Textile World, vol. 19, 1900年第12号．
（例示2）J. M. Varnum．メリマック捺染工場に入社する迄に4年間 philips Academy に在学した．Textile World, vol. 22. 1899年12月，第6号．
（例示3）M. T. Stevens．ダートマス大学卒業．Textile World, vol. 24. 1903年11号．

第3章　綿業研究における史料的アプローチ

1 「ブルー・ブック」の周辺

　洋書を読み始めた駆出し時代は，ロンドンの古本屋街にでも足を運べば，どんな書物でも手に入れられるものだと考えていた．ところが，間もなくそれが単なる空想にすぎないことを先輩は教えてくれた．しかし，そのころ，つまり今から40年位前のことだが，H.M.S.O発行の中世史の史料——チャーター・ロウルズ，パテント・ロウルズなど——は半世紀も前に出版されたものでも殆ど定価の改正なしに手に入れることが出来たものである．
　イギリス近・現代の史料として欠かせない「ブルー・ブック」がその当時本国の古本屋を通してどの程度購入することが出来たか，当時専ら中世史研究に没頭していたわたくしには分らない．しかし，この正確な数さえも知ることが出来ないほどの厖大な史料のうちから，希望するものについて簡単に入手することが出来たとは到底思えない．そもそも「ブルー・ブック」は保存用に印刷されたものではないから，史料の刊行それ自身が目的である前記の中世史史料の場合とは刊行の事情を全く異にしているのである．ところで，わたくしの関心が近・現代史に移るにつれて，その重要な史料もまた重点を移していった．以前は『資本論』の引用などを通じてしか読むことのなかった「ブルー・ブック」が段々身近な存在になってきた．唯この頃にはマイクロ・フィルムという文明の利器が普及しつつあったので，最悪の場合はこれに縋れるという安心感があった．もっともこの最悪の場合とは，「むしろ大部分の場合」と書き直した方が結果的には正確であろう．というのは，読みたい「ブルー・ブック」が日本のどこかの大学に収められていることはまず十中八九あり得なかったからである．
　本国の古本屋でも事態は同様であった．ロンドンの古本屋には最初から全く期待していなかったわたくしは，ブリストルのジョーンズ，ヨークのゴトフリ，ギルドフォードのトライレン等々，地方の古い暖簾を誇る古本屋を訪ねて歩いたが，書棚の片隅に二，三冊——それも20世紀に入ってから刊行されたものが

可成りな値段で——ころがっているのが落ちであった．最後にイギリスを発つ直前，ハーディングで若干の買物をして汚れた手を洗わして貰うために店の裏の倉庫のような所に入った途端吃驚仰天した．そこにはゆうに1000冊を越えるまぎれもない「ブルー・ブック」が山と積まれていたからである．わたくしが直ちに大学と連絡をとり，このセットの購入に粉骨砕身努力したことは言うまでもない．このセットのアナウンスメントには，「かつて収集されたブルー・ブックの最大のコレクション」と謳ってあったが，この言葉は恐らく当らずとも遠からずと言えよう．それほど「ブルー・ブック」を纏めて購入することは至難の業だったのである．

　話が少し脇道に入ったようである．この「ブルー・ブック」の成り立ちと内容および史料的価値について思いつくまま記してみたい．

　「ブルー・ブック」とは，言うまでもなく通称であって，19世紀になり，次に触れられる議会関係史料の大部分にブルーのカヴァを付したことにその端を発する．しかし，数十章の薄いものにはカヴァのないものもあり，時に「ホワイト・ペーパー」，('White Paper') と呼ばれるが，この後者は，一般には1945年以降急増した政策を周知させるための刊行物を呼ぶ場合が多いのである．

　名誉革命以来，国王権力が制限せられ，立法権が基本的には議会・政府の手に移ったことは周知の事実であるが，これとともに，議会と政府の双方において個々の法案作成を実質的に担当する機関が必要となってきた．かくして，このための各種委員会の手に成る記録が早くは18世紀から世に出始めるのは決して偶然ではない．まず議会についてみると，最初は全議員を構成メンバーとする委員会が，17世紀，国王と庶民院との葛藤の中で自然発生的に形成されてきた．しかしこのような方式は，その機能性の欠如の故に次第に影が薄くなり，「特別委員会」（Select Committees）がここに誕生する．これは貴族院或いは庶民院の特定の議員がメンバーになるのであって，両院に跨る場合には特にこれを「合同特別委員会」（Joint Select Committees）と称した．

　この委員会が議会で問題になっている事項について調査し更には報告するわけで，各会期中に幾多の特別委員会が設置される．ついでながら，この委員会

が「会期限委員会」(Sessional Committees) と呼ばれるのは会期中に起った特別な問題のみを扱い，原則として次の議会にまで持ち越すということをしないからである．このようにして既に19世紀以前から「特別委員会」は議会の調査機関としての主要な手足となったのである．そしてこの報告書は，(1) 当該委員会に関係した議題についての報告書，(2) 委員会の日程，(3) 証言録，の三つの軸から成立っている．この制度は現在においてもなお続いているが，その重要性は次に述べる「王立委員会」(Royal Commissions) と「政府部局委員会」(Departmental Committees) の発展のため漸次低下することになるのである．この他これに類する史料としては，政府・部局に対して議会が要求した「報告書」(Returns) がある．

　以上は全く議会内部で議員により，或いは議会の要求により作成されたものであるが，この他に「ブルー・ブック」には議会に対してではなく，国王或いは大臣に対して提出された二種類の史料がある．第一は「王立委員会」の報告書であり，当委員会委員は国王の委任状により任命されるのである．第二は「政府部局委員会」の報告書である．両者とも国王の「指示により」(By Command) 議会に提出された時に初めて国会で論議の対象になる．このように指定された報告書を「提出要請付報告書」(Command Papers) と呼ぶのであるが，これは最初から「議会の命によって印刷を命ぜられた」記録とは以上の点で異なるのである．また「王立委員会」のメンバーは，議員を排除するわけではないが，政府の助言によりその筋のベテランが任命されるのであり，委員会自身数年間も継続して存在することも出来る．平均的にみれば2年ないし3年間というのが普通であるが，「史料調査委員会」(Historical Manuscript Commission) のように殆どパーマネントな委員会も存在するのである．更にもう一つの利点は，「特別委員会」と違い会期中でなくともその任務を行なうことが出来るし，また委員を実情視察のため海外に派遣することも出来る点にあると言われている．

　この「王立委員会」は，19世紀に入り調査の対象自体が多岐に亘るにつれて，政府の必要を満たすには真に適したものであったが，元来はといえば，当委員

会は国王の要請に答えるべく設置されたもので，議会とは直接の関係を持っていなかったのである．

次に第二の「政府部局委員会」報告書について触れよう．19世紀以来政府の役割が増加しその活動範囲が広がるにつれて，部局自身が様々な調査委員会を設立する動きをみせ始めた．「特別委員会」とは異なり，しかし「王立委員会」とは歩調を同じくして，この委員会も議員を含むこともあればそうでない場合もあり，2会期に跨ることもある．それは議会或いは国王に報告するのではなく，所轄の大臣に報告を行なう．証言録が必ず収録されているとは言えないし，「特別委員会」の場合のように議事録は載っていない．一般的には，かつて「王立委員会」が「特別委員会」を引継いだように，今では，「部局委員会」が非常に枢要な調査と考えられるものを除いては「王立委員会」にとって代りつつあるのが現状であるといえよう．

以上専ら「ブルー・ブック」の作成母胎の形式的側面について瞥見したが，その史料がどの委員会に所属するものであれ，われわれにとり，有する価値が変るものではない．唯特定の事項についてどのような史料が存在するかを知るには，よほど便利な手引が必要である．普通最も多くの者に利用されているのは，サザンプトン大学経済学教授P.フォード夫妻の手になる「議会関係史料リスト1833-1899」全1巻，「議会史料要覧」全2巻である．後者は20世紀を対象とし，夫々の報告書の要旨が記載されており，大変便利なもので一度入手したら手離せない．

近・現代イギリス経済史・社会史・政治史など歴史研究に従事する学徒ばかりでなく，かの周知のマクミラン・リポートのように，「ブルー・ブック」は理論を専攻する者，或いは現状分析とか統計を利用してトレンドを追求する研究者にも必要欠くべからざるものであると言える．今迄「ブルー・ブック」では専ら証言録のような生の記録が利用されてきたのであるが，計量的分析を志向する者にも恰好な資料であることは間違いない．ともあれ，報告書の結論自身を検討する場合には，委員会が形成された政治的背景，委員の顔ぶれ，少数意見と多数意見の比較などが重要な準備作業となってくるであろう．もっとも

「特別委員会」の場合は委員会全体の見解が記録されるだけで，少数意見の場は提供されていない．

結論自身は厖大な証言にもかかわらず極端に簡単な場合がある．石炭産業の国有化に関するサンキ委員会（委員会は普通委員長の名前によって呼ばれる）は28,000の質問を経たのに，僅か10頁の報告書を作成したにすぎない．このような場合にも，証言者の多くは斯界における第一級の人物であり，例えば「大不況委員会」の証言録から，われわれは各産業部門の代表的経営者から夫々の立場にたった業界の意見を聴きとることが出来るのである．業界の大立物ばかりでなく，著名なエコノミストの証言がレポートの作成に大きな影響を与えたケースは数限りない．中には様々な意味で示唆的なものも少なくないが，紙幅の関係で遺憾ながら触れる余裕も残されていない．

ともあれ，今度「ブルー・ブック」が部門別にかなり整理された形で再び世に出ることになったことは大変喜ばしい．本国のニュー・ユニバーシティをはじめ世界各国の主要な大学において，われわれがこの史料を容易に手にすることが出来るようになったのである．もっともセカンダリ・ワークスのみによって仕事をしてきた学徒には案外頭痛の種になるかも知れない．それに余りにきれいに製本されてしまっていることもあって，「ブルー・ブック」独特のあの19世紀の産業社会そのものを想わせるような埃と汚れを史料の中に見出すことが出来ないのは，当然のこととは言え，何となく物足りない．

2 イギリスの公文書館の企業史料

根強い経営秘密主義

封建社会では，修道院の所領文書などにしろ私経営の文書にしろ，かなり十全な姿で史料として伝えられているのに対して企業の文書の保存が極めて不満足に放置されてきたのはなぜであろうか．資料が史料として保管される一義的理由は，それ自体記録として価値があるからである．公文書の類はこれに入る

が，封建社会では私経営の文書にもこの記録的価値が長期に及んだ．というのは共同体の運営はなまじ資本主義の私企業よりも遙かに継続性を帯びたものであったからである．たとえば，マナ文書は農民の土地保有権の証となるものであり，従ってそれは共同体の構成員のすべてに係わるという意味で，単に私的な性格のものとは言えなかったのである．

ところが資本主義社会での経営文書は，経営者個人に帰属するものとなり，その経営はパートナーシップに代表されるように有限なものとして出発した．そして経営体が「大企業」にまで成長を遂げ，持続性が自覚され始めた時，別な問題が資料の保存に陰を落とすことになった．資料の洪水から起こる保管の手間の問題である．従って記録としての必要性を基準としてほとんどの資料は廃棄される運命にあった．労務管理のような現場の記録はまずこの篩(ふるい)から逃れられなかった．

およそ経済活動のなかで文書に記録されたものは僅少であり，その中で残されたものは万分の一に過ぎない．従って，われわれが経営活動の史的実態を解明すること，この人間生活の最も基本的な営みを知るに価すると信ずるなら，別な価値尺度をもってその保管に当らなければなるまい．それには究極的に経営活動そのものが政治や文化活動と同様に価値あるものとして受容されるという社会風土の形成が，深い意味を持ってくるのである．そしてこのような社会風土は国と時代によって異なるものと理解して大過ないであろう．国籍を言えば，ビジネスに最も適合的価値観を形成したアメリカとその他諸国とは異なる．また時代について言えば，企業経営が帯びる公共性が意識されるようになる両大戦間期，なかでも第二次大戦以降は経営資料を史料として保存するに価するという社会・文化価値の認識が，急速にと言ってよいほど広まってきたのである．

ここで取りあげるイギリスは，その地主的・金利生活者的価値体系のため，予想されるように経営文書に史料的価値を認めるという風土は今なお堅固でない．それはヨーロッパの家族経営を基盤として生まれた経営秘密主義に支えられて，経営文書の保存・公開を難かしくしている．確かに最近の大企業はそれ

それ資料室に相当するものを備えておりW.J.リーダーのI.C.I史(全2巻)とかD.C.コールマンのコートルズ史(全3巻)などは膨大な資料の山から編まれたものであった．しかし山なす資料が存在しアルキビストが配属されていようと，それが公開されたものでなければ，研究者にとり価値が半減すると言わざるを得ない．

公文書館の企業史料

経営史料を利用するに当っては，まずその存在が公にされねばならない．この点で重要な役割を果たしてきたのはBusiness Archives Councilの発行するJournal of Business Archivesといった定期刊行物である．当協会が成立したのは一世代以上も前であったが当初は基盤が確立せず，60年代に入ってから漸く根をおろすことが出来た．ロンドン・ブリッジの近くに事務所があり新しく発見された経営史料の紹介が中心となっている．この他忘れてはならないのが19世紀に生誕した国会の常設委員会であるHistorical Manuscripts Commissionが1964年からタイプ版で公にしはじめたSources of Business History in the National Register of Archivesであり，1971年にはR. A. Storeyの編として同名の「第一次集成」First Five Year Cumulationが刊行された．その後も刊行は続けられているはずであるが，筆者は確認していない．なおNational Registerとは地方文書館も含めて国立の文書館に登録された史料という意味である．また，産業別・地域別には書誌として編まれていて高い評価を受けているものが少なくない．たとえば，J. M. Bellamy(ed.) *Yorkshire Business Histories : A Bibliography*, 1970は地域別のものであるが，毛織物，石炭産業の研究には欠かせないものであろうし，H. A. L. Cockerell and E. Green, *British Insurance Business 1547-1970*, 1976の後半部分は保険経営史料の企業別の紹介であり，関係者には見逃せないものである．

史料の書誌はこの程度にして史料そのものを保存してある文書館に眼を向けることにしよう．まず特定の史料であるが日本と違いほとんど完璧な形で伝えられているのが「会社法」に基づいて通産省に提出された企業資料で，これは

第 3 章　綿業研究における史料的アプローチ

そのような性質上半ば公的な史料と言ってよいだろう．資料は同省会社登録局に提出され，解散した企業のものは「整理されて」通常 5 年間隔に間引きされて国立公文書館に収納される．1981年頃，現存企業の「一般記録集」(general file) を中心に，記録はマイクロ・フィシュとなり，驚くなかれ僅か閲覧料として 1 社につきその当時 5 ペンス（25円）払えば，この数十枚のマイクロ・フィッシュをすべて自分のものとして持ち出すことが出来る．膨大な記録を収める場所がなく，ある場合には現物を閲覧するのに 1 週間もかかり，さらにコピーに手間どった数年前と状況は一変したと言えよう．さらに，解散した企業の記録が移されるロンドン郊外キューの国立公文書新館では資料請求は20年程前からコンピュータ化されて，これまた能率が向上した．限られた時間に史料を求めてかけずり回らなければならない外国人研究者にはとりわけ有難いことではある．

　この国では産業が地域的に集中している場合が多いので，われわれが想像するような経営文書の大方のものが収納されているのは，州立公文書館 (County Record Office) である．たとえばランカシャー州公文書館は数年前にプレストンの駅の近くに新しく建てられた．ここにはイギリス最大級の紡績統合企業ホロックス社の100箱を超える経営文書が収められている．最近の話題はわが国にも広く知られた紡績機メーカー，プラッツ社の実に 8 トンもあると伝えられた文書が収められたことであろう．未だ完全に整理を終えていないが，既にマンチェスター大学のＤ．Ａ．ファーニー教授によりプラッツ社史が準備されている．この州公文書館の他にもマンチェスター市立図書館の「古文書の部」には「イギリス・カタン糸」とか「キャリコ・プリンター」など独占企業の取締役会議事録があり，別にマンチェスター大学付属ジョン・ライランド図書館にも「オルダム紡績同業者連合」の手書きの議事録など貴重な史料が多く所蔵されている．

　これに対して鉄鋼業の立地は時代により目まぐるしく変化したが，比較的大企業が多かったことと第 2 次大戦後国有化された時経営史料の保管が計られたため，産業別に見ればそれは経営史料に最も恵まれた分野と言えるだろう．た

だ立地の分散から史料も地方文書館に分散して収められており，たとえばクロウシェイの場合は国立「ウェールズ図書館」(National Library of Wales) の古文書部門にあるといった具合である．またロンドンを中軸に活躍した金融業者の史料は，シティの中心にあるギルドホール図書館にも貴重な史料が残されている．これらは通常一般に公開されており，閲覧に許可を必要としても形式的なものであるが，マイクロフィルムやゼロックス撮影は，時に公的施設に保管されている場合でも許されない時がある．ケンブリッジ大学図書館に収められているジャーディン・マティソン商会の史料はコピーを許されておらず，わが国の学徒が大変不便をしていることは，お聞きになった方も多いであろう．

3 英米の史料館——綿業史料を求めて——

はじめに

ここ数十年来わが国における西洋史研究の進歩は，まことに目をみはるばかりであった．今から45年近くも前のことであるが，私が卒業論文に手を染めた頃は，丁度それまでの文献中心の研究から，印刷された史料に基づく研究に移行した時分であったろう．それが今では大学院の修士論文位になると，マイクロ・フィルムによるマニュスクリプトの利用も珍しくなくなっている．そして，それにつれて留学中の研究者の足も，大学図書館とか古本屋から次第に遠ざかり，ロンドンや地方の古文書館が日常の仕事場となったのである．

このようになると，外国で研究に従事するために海を渡る場合，自分の研究テーマの文書のあり方についての最小限の知識が，能率的に作業を進める上で不可欠なものとなるであろう．しかし遺憾ながら，わが国ではこのようなきわめて基礎的な知識が充分に伝えられているとは思えない．

ここで私が狙っているのは，この種の正確な情報を提供するという堅いものではない．それには別の機会もあろうから，ここではもっと軽いタッチで，英米の若干の史料館を私のなつかしい想い出とともに素描してみようと思う．し

第3章 綿業研究における史料的アプローチ　　　　　　　　　　75

たがって，ここでとりあげるのは英米の史料館一般ではなく，私の研究テーマに関係のある史料館に限られていることを，あらかじめお断りしておきたい．

イギリス綿業史料館

　長年手がけてきたイギリス一本槍の研究から一歩を進めて綿業企業の国際比較というライフワークにも相当する研究テーマを胸にひそめて，二度目のロンドンに下り立ったのはまだ肌寒い1975年の3月であった．

　話は堅くなるが，綿業企業の研究は最近急速に開拓され始めた「経営史」の領域に属する．綿業で国を興したわが国で，綿業史研究がきわめて長い研究歴を誇ることは当然でかつ周知の事実であるが，事が綿業企業に関する限り，事情はごく最近まで全く異なっていた．一般的に言って，日本の企業が出版した社史が世界的に見て最高の水準であることは間違いない．例えば『ニチボー七十五年史』とか『回顧六十五年』に匹敵する綿業企業史を私は知らない．しかし，これらが研究に利用される時も，それは産業としての綿業史の研究に利用されたのであって，自覚的に経営史としての視角から利用されたことは例外でしかなかった．

　イギリスの場合，社史出版の事情は若干異なる．ここでは研究者の執筆した若干の成果を別にすれば，綿業にはほとんど社史の類は存在しない．しかも前者の場合でさえ「経営史」が研究領域として未確立であるから，経営学的視角による企業史が生まれる環境にないのである．当然ながら私もほとんど他人に頼ることなく，手さぐりで作業を始めなければならなかった．

　多言するまでもなく，綿業企業の中核は紡績企業であるが，日本やアメリカと違いイギリスでは紡績と織布両工程は統合されず，異なった資本によって営まれた．この綿工業が19世紀以来ランカシャに特化したことは周知の事実であるが，なかでも紡績企業はオルダム（Oldham）とボルトン（Bolton）一帯に集中し，就中，オルダムは20世紀の20年代に至るまで世界最大の綿業都市として史上に記録されることになったのである．その企業数は恐らく最盛期において200をはるかに超えていたと考えられる．以上のような事情であるから，当然

のことながら，オルダムの紡績企業は第一次大戦以降日本のそれと比べるとむしろ零細規模とも言えるものであった．最大級の場合で20万錘位であり，19世紀以降企業の合併はほとんど見られなかった．この点わが国と著しい対照をなしている．このような中小規模の企業が，20年代以降日本との熾烈な競争のなかで次々に姿を消していった．特にオルダムはもっぱら低番手の製造に従事していたから，大戦後におけるイギリス綿業の衰退は端的に言ってオルダムの没落を意味した．

このようにしていわばイギリスの栄光と凋落と運命を一にしたオルダム紡績企業の足跡を辿ることはどのようにしたら可能なのであろうか．このような中小企業の経営文書はその利用が最も難しいものの一つである．たとえ企業が生存しており，しかも過去の経営文書を所蔵している場合でも，門外漢は容易にそれに近づけないし，まして解散した場合には，その時点で散逸を予防するような手段がとられない限り，それが保存される可能性はきわめて少ない．

この点で想い出されることは，イギリス企業の経営秘密主義である．1919～20年に多くの紡績企業が再組織された時，往々，旧企業の臨時株主総会は「経営文書を破棄すること」を決議採択したのであった．古いものを大切にすることで有名なイギリス人気質も，19世紀に入り綿業で急速に頭角を表わした工業都市オルダムには通用しなかったのである．大企業が存在しなかったから，例えば「ユニチカ尼崎記念館」とか「クルップ資料館」のような施設も勿論あろうはずがない．また，近代的綿業企業の移植と殆ど同時に同業団体の成立した日本と異なり，イギリス綿業は自由貿易と個人主義をかたくなに墨守した，甚だまとまりの悪いことで広く知られた業界であった．したがってわが国の「綿業倶楽部」のような業界として有益な資料を保存しておく施設もなかった．あえてこれを求めるとしたら，第二次大戦中の統制経済の落し子である「綿業委員会」（Cotton Board）が戦後民間団体として改組されて今日に至ったShirley Instituteであろう．これはマンチェスタの郊外ディスバリ（Disbury）にあり，その資料室はかなりの書物を所蔵しているようである．しかしその狙いはむしろどちらかというと技術面にあり，したがって古い経営文書などを保存するこ

第3章 綿業研究における史料的アプローチ

とはその守備範囲に入っていない．端的に言って，イギリスには企業の経営文書を組織的に収集している団体はない．この点は私企業の記録を保存することを呼びかけた経営史協会（Business History Society）が，1920年代に成立したアメリカと異なった環境にあるといえよう．

　このようなわけで経営文書の保存は言わば意欲的，偶然的たらざるを得ない．結局それを後世に伝えることに意味を見出す経営者が，これを引き受ける団体に寄贈するという個人のささやかな努力の積み重ねに期待する以外にないのである．この場合まず考えられるのは「市立図書館」（City Library）である．この規模は各都市によって千差万別というのが正しい．例えば，綿業の中心都市であるマンチェスタについて言えば，ここの市立図書館はその規模から言って大英図書館に次ぐと言われ，特にそのレファレンス・ライブラリは有名である．そしてその中には地方史図書館（Local History Library）の他の古文書部門（Archive Department）を備えている．座席が10にも足りないような小さな部屋で，人手不足のため昼休みの1時間は部屋から締め出されるのには参ったが，ともかくコピー・サーヴィスも迅速でスタッフもロンドンなどよりもずっと親切である．

　ここにある史料の圧巻はかの有名な「マンチェスタ商工会議所議事録」であり，経営文書としてはJ．P．コーツ社傘下にあったカタン糸独占体「イギリスカタン糸会社」（English Sewing Company Limited）の取締役会議事録であろう．後者はごく数年前に入手したものらしく，閲覧には現在の親会社トゥタル（Tootal Company Limited）の承認を必要とする．本社が近くにあり，私はすぐに承認をとりつけることができた．ちなみに当図書館の一角にはランカシャ地方の歴史関係協会のジョイント・コミティがあり，ジャンル別の書誌目録という大変利用価値の高い出版物を刊行中である．第1巻は各種人名録（Directory）第2巻は会社史，第3巻は地方史でいずれもランカシャ地方のみを対象とした書誌である．

　しかし，市立図書館でもマンチェスタの場合は言うまでもなく例外である．予想されるように，図書館の蔵書数とか設備は市財政と密接に関係している．

この点では最近低成長にあえぐイギリスの図書館に多くを望むのは無理なのである．とりわけ，綿業と運命をともにしたランカシャの工業都市は，中世以来の蓄積もなく中世的伝統も欠いていたから，綿業衰退の後に残されたものは工場の瓦礫の山であった．その代表がオルダムである．それが日本綿業との激烈な競争の結果であったことを想うと，オルダムと日本との距離がにわかに縮まるのを覚えざるを得なかった．

こんなわけで，オルダムの市財政は20年以降その地盤沈下の影響をまともに受け，市立図書館もイギリスの都市のなかではまず最低の部類に属すると言えよう．地方史部門（Local Interests）は附置されているものの，充分な書庫もないし専門のアーキヴィスト（文書司）も配置されておらず，したがってこの経営文書収集のためには地理的には理想的な施設も全く利用価値のないものになっている．勿論若干の手書き史料や新聞のスクラップがあるが，コピーは平凡な複写機が一台あるだけで，大きな地図の複写などにはバスで30分のマンチェスタ市立図書館の施設を借りることになる．この他オルダムには「オルダム紡績経営者連合」（Oldham Cotton Spinners Association）が若干の史料を保持しているようであるが，私は検討する機会を持てなかった．

これに対しボルトンは高番手の綿糸生産に集中していたこともあり，今も工業都市の姿を維持している．市立図書館もオルダムとは格段の差で整理がよく行き届いており，最近アーキヴィストも配置されてサーヴィスもよい．ただ紡績企業の史料に関する限り，ここも期待はずれであった．

こんなわけで個別企業の史料を検討することは予想に反して著しく困難であった．もとより個々の企業を訪ね歩くことによりその渇望を或る程度いやすことはできよう．しかし，60年初頭の「綿業再編成法」によって企業の吸収・統合が進められた結果，往時の企業はその形態を変えてしまった．今は少数の企業においてのみ往時の経営文書が保存されていると考えた方が正しい．

ただし，われわれのような異国の学徒でも手のとどく綿業の経営文書がないわけではない．個別企業の経営文書について言えば「ランカシャ州立図書館」（Lancashire Record Office）がこれで，マンチェスタから北に汽車で50分近く行

ったプレストン（Preston）にある．ロンドンからかねて名をきいていた主任アーキヴィストのシャープ（F. Sharpe）氏に手紙を書いたがさっぱり返事がない．結局返事を待ちきれずシティ・ホールという宛名を目当てに訪ねあてたのは，その名の通りプレストンの中心部にある市役所の片隅であった．必ずしも大きくない幾つかの部屋の他に隣接した倉庫にマニュスクリプトが収められていた．繊維関係企業の経営文書をリスト・アップするのに手間がかかったらしく，丁度出来上がったばかりの資料目録を返事にかえて渡してくれた．小雨の降るうす暗い日，数人の研究者が粗末な机の上で手書きの史料を筆写していた．これが一時しのぎの仮住まいであったことは，１年後同じ史料館を訪ねた時は市役所ぐるみ中心街からほど遠い駅前の近くの再開発地域に建てられたモダンなビルに移転していたことから窺い知ることができた．閲覧室は以前の部屋の数倍もある絨毯を敷きつめた大広間で，書誌・文献の類はすべて両側の書架に配置されており，州立文書館としては豪華版と言うべきであろう．確かにこの史料館には数社の繊維関係の企業のかなりまとまった経営資料が保管されている．特筆に価するのは，イギリス綿業界でほとんど唯一の統合企業たるホロックス社（Horrockes）の経営文書約200冊の整理が，今年に入って漸く完了したことである．資料のインベントリ（目録）を繙くと，

　　会計元帳（Ledger）23巻　業務日誌（Journals）19巻　現金明細帳（Cash Books）22巻　手形明細帳（Bill Books）1巻　諸勘定明細帳（Miscellaneous Account Books）3巻　見本帳（Pattern Books）126巻　その他（Other Books）73巻

と記されており，まず経営文書としては指を折るに価するものであり，恐らくこれを利用して学位論文を執筆する学徒が現われるのも遠くないことであろうと思われた．

　このように綿業企業の史料に関する限りいずれにせよ地元ランカシャに始まってランカシャに終るといっても過言ではあるまい．このため綿業を対象とした学位論文はまずほとんどがマンチェスタ大学に提出されたものであり，マンチェスタ大学の動向をさぐれば綿業研究の動向が分るという具合である．否，

逆に綿業を研究するならマンチェスタに居住することが必須の条件でもあるかの如く本国の研究者は考えていると言えよう．しかしこれは必ずしも正しくないと私には思えた．

　特定の個別企業を対象にするなら研究者は確かにランカシャから離れることは出来まい．だがこの場合でさえもオルダム・クロニクルやオルダム・スタンダードのような必須の地方新聞だけをとっても，オルダム市立図書館にはマイクロ・フィルムでしか所蔵されていないが，ロンドン郊外のコリンデルにある「新聞図書館」(Newspaper Library) には現物が保存されており，ほとんど原物大のゼロックス・コピーを入手することができる．この現物で保存されているということは，記事を拾うことを必要とする研究者には大変重要なことなのである．

　もっとも今私の念頭にあるのは通産省所属の「企業局」(Companies House) と「中央公文書館」(Public Record Office) に所蔵されている通称「カンパニー・ファイル」と呼ばれる一連の経営史料である．これは1862年の「会社法」(Companies Act) の定めるところにより企業局に提出された文書で，定款，株主名簿，貸借対照表，臨時株主総会議決，抵当権設定文書などから成っている．原則として解散した企業の文書は「文書館」に，現存企業のそれはシティの北方，地下鉄のオルズ・ストリートにある「企業局」に保管されているが，これの細部については正確ではない．

　前者の場合史料はロンドンから北西に汽車で50分ほども行ったアシュリッジ (Ashridge) という小村の倉庫に眠っており，至急検討の要ある場合には当地まで出むく必要がある．ロンドンでそれを読むには請求してから約1週間を見ておかねばならない．後者の場合も同様で数カ所の倉庫に史料が分散しているので，まず1週間の余裕を見ておく必要があろう．このように申し込んでから数日を要するのは大変研究時間の浪費を招き易いし，非能率を責めたくなるが何せ6桁に達する数の企業の文書が，たとえそれが数年で解散した場合でも今日に伝えられているということ自体，他国にはまず例を見ないものと言えるだろう．たとえ企業経営の特定の側面であれ，一般化が可能であると考えられる

第3章　綿業研究における史料的アプローチ

のは，イギリスでは国家レヴェルでこの種の経営文書が保存されているからである．マンチェスタから遠いことがかえってその利用度を減じているように考えられる．

　かくて私のロンドンでの研究のほとんどの時間は，大学よりも「文書館」「企業局」「新聞図書館」の3施設で過ごされた．このうち「文書館」では日本の研究者に出会うことも多かった．この建物の出入りは相当厳重である．私の通った頃は，I.R.Aによる爆破事件が相次いだこともあって，毎朝カバンの点検があり，そうでなくても，館内は火気厳禁でしたがって煙草を吸えないことは言うまでもなく，カフェテリアもない．皆，サンドウィチ持参で20円にも満たない超安値のお茶かコーヒー，或いは，スープを自動販売機で入手して簡単な昼食を済ますのである．ここを訪れるのは大方研究者であり，したがって雰囲気も決して悪くはなかった．最大の難点はコピー代がひどく高いことである．しかも，1年半の間に2度も値上げされた．

　他方，研究環境が悪くて一番悩まされたのは「企業局」であった．ここを訪れる者はほとんど全部企業の信用調査のためであるから，おおよそ研究とは無縁である．養鶏場を連想させるような200余りの仕切りの付いた机に，ベルトコンベアで運ばれたファイルが次々に手渡されるというシステムで，味気ない上に騒々しいことこの上ない．私は後半に入りこの部局のボスと親しくなったので，奥の倉庫の中に机を与えられて特別の処遇をうけることができた．そのうえ，彼は史料の保存場所についてもベテランであった．解散した企業でも48年以降63年までに消滅した企業の史料は，ほぼ「文書館」に送られており，63年以降はロンドンの西方，汽車で30分足らずのハイアス（Hayes）のボーン・アヴェニュの倉庫にある．また，現存企業でもバランス・シートと株主名簿は最近のものを除きここに収納されているのであるが，例外として或る特定の年に解散した企業は「企業局」の地下に眠っているなど，実に錯綜していて取り出すのが厄介だ．私が苦心惨憺してともかく400社近い企業史料を渉猟し得たのは，このコフィ氏（Mr. Cofie）というガーナ生まれのボスのお蔭だと深謝しているのである．また，全く同じコピーでもここでは「文書館」の半価という

のも，万を超えるコピーをとった私には決して馬鹿にならないメリットであった．

最後に「新聞図書館」は，地下鉄ノーザン・ラインで終着駅の二つ手前コリンデルの駅の近く，閑静な住宅街の中にある．あの地方新聞が幅をきかせているイギリスで，そのほとんどが現物で収められているということ自身驚きというより他ないが，それも破損の恐れのあるものは薄い和紙のようなすかし紙を張り付けて保護してある．これでは予算がいくらあっても足りまい．私のような者にとり，ここの利点は土曜日も開館することであった．それにほぼ実物大の新聞用ゼロックス・コピー．これは1976年1月末まで10ペンス（約70円）であったものが，2月に入ると突然25ペンス，つまりポンドの下落を考えても当時の円で160円という禁止的価格に値上げされた．幸い私はほとんど仕事を終えていたので余り影響はなかったが，今後はマイクロ・フィルムに切り変えねばならないだろう．コピーが鮮明ですばらしいものだっただけに残念だ．なお，ここにはカフェテリアもあって静かな郊外とよく調和し，疲れを癒すには格好の場であった．

アメリカの綿業史料館

アメリカの綿業企業はイギリスとは異なり紡績・織布統合企業として発達し，さらに20世紀に入ると企業の合併も混えて，比較的大企業の出現をみるに至った．第一次大戦後伝統的なニュー・イングランドの北部綿業は，サウスおよびノース・カロライナとかジョージアなど南部諸州の挑戦を受けるに至り，20年代末にはその衰退は覆うべくもなかった．この伝統的なアメリカ北部綿業地帯のなかでも，最大の紡績都市，アメリカのオルダムとも言えるものこそマサチューセッツ州の最南端に位置するフォール・リヴァ（Fall River）である．したがってアメリカでの私の綿業経営文書の渉猟は，このフォール・リヴァとその隣りの都市でかつて高番手中心の都市，イギリスのボルトンに当るニュー・ベッドフォード（New Bedford）であった．

私の知る限り，一般的に言ってアメリカ綿業企業の経営文書の保存状態は決

第3章 綿業研究における史料的アプローチ

して悪いとは言えない．輸出こそ多くはなかったが，アメリカの綿製品産出量はイギリスを凌いでおり，その従業員数も20世紀初頭においても他産業を圧していた．したがって綿業史に対する関心は決して低くはなかった．ビジネスの国アメリカでは，経営文書は後世に伝えるに値するものという考えが早くも20世紀に入ると芽生え，そのため経営文書の収集に早くから力を入れていた．

ハーヴァード経営大学院のベイカー図書館（Baker Library）の「企業報告書部門」（Corporate Report Department）と「古文書部門」（Archive Department）に，経営史家の垂涎の的である厖大な営業報告書と手書きの経営文書が所蔵されていることはすでに広く知られている．また，後者については同部所属の親切なアーキヴィストのロベット氏が「ハーヴァード経営文書目録」を表わしており（R. W. Lovett, *Business Manuscripts in Baker Library*），われわれ異国の学徒がアメリカに飛ぶ前の予備的作業には欠かせぬものとなっている．このベイカー図書館のサーヴィスの良さには定評があるが，その他にも，コピー代がイギリスと比較すると安いこととか，煩瑣なコピー・ライトに煩わされることがないとか，外部の者が手書きの経営文書をフィルムに撮ることを自由に許可している点など，おしなべてイギリスよりも作業環境が良いと断言してよいと思う．

ハーヴァード経営大学院の近くにはこの他「ハーヴァード供託図書館」（Harvard Deposit Library）があり，ボストンのマサチューセッツ州立図書館（State Library of Massachusetts）等に所蔵されていた新聞などの一部が供託されている．「週刊フォール・リヴァ」（Fall River Weekly News）や「日刊フォール・リヴァ」（Fall River Daily News）などはここに所蔵されている．唯一つ難を言えば，新聞大のゼロックス・コピーの施設が予想に反してなかったことであろう．一般にアメリカの職員は，イギリスのそれと比べてまず文句なく勤勉である．この図書館などは朝9時から夕方4時半までであるが，利用者は殆ど私一人で，8時50分頃になると気前よく扉を開けて入れてくれたものだ．昼食をどこで食うのかときいたら，隣のボストンの大学連合で経営しているテレヴィジョン会社の社員食堂に行けと教えてくれた．車を持たない私には大助かりであった．

このハーヴァードの他に特に綿業企業を手懸ける時に見逃すことができないのは，ボストンの北，バスで1時間余りのノース・アンドーヴァ（North Andover）にある「メリマック峡谷織物博物館」（Merrimack Valley Textile Museum）である．人口2万に満たない典型的なニュー・イングランドの緑の多い美しい町アンドーヴァにあるこの博物館は，設立以来まだ日も浅く，2階建の小じんまりしたたたずまいが美しい周囲の緑とよく調和を保っている．ここには数名の専任のスタッフが配置され，他のこの類の機関の実情から，この博物館の維持も大変ではないかとたずねたところ，予想に反して法人が維持費を拠出しているので心配ないという答えであった．車のない私に対してはスタッフの自家用車でバス・ストップまで送り迎えをしてくれ，シチューの出前を注文して職員食堂でランチを共にするなど，すべての人が実にフレンドリであった．

さてここの経営文書についてはタイプ版の2冊のパンフレットが出来ている．量的に言えば恐らくベーカー図書館のそれに及ぶまいと思われた．それに史料の細目に亘るインベントリ（目録）が完成していないため，それをまずコピーして目を通す史料を選択するということができない．われわれのような限られた期間を生かして最大限の仕事をしようとするとき，このインベントリが完備していることが望まれる第一のものといえよう．またコピー施設が皆無なため外部の業者に委託することになり，マイクロなどは大変高価についてしまうことも，ここに保存された経営文書の利用価値をわれわれにとっては低くしてしまっていた（その後，ゼロックスが備えられたという便りを受け取った）．

これと関連して前に私はアメリカはコピー代が安いと書いたが，これはあくまで大学の施設でそれもある標準規格のコピーについての話である．新聞などの特定のページについてのマイクロ・フィルムはハーヴァードでも特別加算料金を徴収されるので大変高い．この規格に合えば安いがそれから外れると法外に高いというのは，大変アメリカ的であるといえよう．

私の短いアメリカ旅行のハイ・ライトは，僅か1週間であったがフォール・リヴァの「歴史協会」（Fall River Historical Society）に通って未整理の経営史料

を持参したフィルムに収めたことであった．もっとも，日本史家と違い初めての経験であったためか，その2割以上が露出過剰で判読できなかったのであるが．この史料の宝庫を探し当てたのは，可成偶然といってよいものであった．ロンドン・スクールの私の先生がかつて「メリマック峡谷織物博物館」の館員を務めており繊維技術史を手懸けているジェレミー氏を紹介してくれた．この博物館に手紙を書いたところ，フォール・リヴァの綿業なら，それで学位論文を書いたP.シルヴィア氏に連絡するとよいと忠告してくれた．そして，彼からこの歴史協会の存在を知ったというわけである．ハーヴァード経営大学院の宿舎から史料のインベントリを送って欲しいと便りを出したら，そっけない返事がかえって来た．やや不安ではあったが，ともかく，隣り町のプロビデンスのブラウン大学の院生寮に宿を取り，朝7時前に重いカメラをかかえてグレイ・ハウンド（代表的長距離バス）での通勤が始まったのである．

　フォール・リヴァ市立図書館員の某氏はこの町を「文化的砂漠」cultural desertと呼んだが，確かにこの町はその点でもオルダムに似たところがある．シルヴィア氏はこの町は工場の集積で成立したので中心がないと私に話したが，実際中心街がなく海に沿って長く伸びた町である．この町のバス・ストップから市立図書館を通り約10分，住宅街の真中にこの歴史協会の花崗岩の建物はあった．後で知ったことだが，この歴史協会の由来は大変興味深いものがある．まず，ここには有給のスタッフというものはいない．この町の歴史を保存しようという老若男女が集まって会員組織を作り，暇をみては無料でこの協会にきて利用者（大半が見学者）にサーヴィスするのである．ほとんど毎日やって来る二人の会員はいずれも60歳を越えたおばあさんであった．自分の余暇をこのような協会へのサーヴィスに捧げるという，イギリスにもみられない人生の送り方に．私はアメリカの好ましい面を感じ取ると同時に，ハーヴァード並みのサーヴィスを期待した自分を恥じたのであった．スタッフも無給ならこの建物もまた寄贈されたものであった．1870年にこの木造住宅街の中に不相応に建てられた豪邸は，元は綿業企業者が住んでいたもので，フォール・リヴァの綿業が衰退したのち，その子孫はこの馬鹿でかい邸宅に住む気もなかったので，折

から適当な建物を探していた，1921年設立の歴史協会に寄贈し，39年から博物館として公開されたというわけである．陳列してある物は19世紀の各種家具・衣服・玩具・台所用品とか，かつてのニューヨークとフォール・リヴァの間を就航した定期船の模型などで，綿業企業の史料は2階の書斎と押入れにぎっしりと詰め込まれていた．それは年代別に手紙類の史料を入れた1830年代に始まるボックスと帳簿類，それに新聞などから成っている．かつて最盛期には約40ほどの企業がここに集中していた．もとよりオルダムの比ではないが，アメリカではまぎれもなく最大の綿業都市であり，綿業労働運動の砦であった．

　さて，ここに保存された史料は取締役会議事録に関する限り，10社近い企業のそれが発見された．もとより全く未整理のままであり，1冊1冊手にとり検べるのであった．まだ学究がこれを利用した形跡はなかった．既述シルヴィア氏は若干検べたが，分野が労働者史であり，その仕事はむしろ市立図書館で行なわれたようであった．当市の企業は一般的に紡績専業の比較的小企業が多かったから，これらの経営史料が今日まで健在なのはひとえに当協会の努力の結晶であると言って言い過ぎではあるまい．6月だというのにここはもう35度近い暑さであった．カメラに三脚をつけ調節してシャッターを押す作業中，史料の上に汗がぽたぽた落ちるのであった．ハード・ワークは予想していたが，それは予想以上の重労働だった．しかし，毎日私をバス・ストップまで自家用車で送ってくれた会員の人達の親切や，海の見える丘の上のレストランでのシルヴィア氏との会食は決して忘れられない想い出である．近いうちに私はもう一度カメラを持ってこの町を訪れ，彼をはじめて世話になった多くの人々と再会の喜びをともにしたいと思う．

4　営業報告書の周辺

はじめに

　アメリカ綿業企業経営を検討するために，ハーヴァード経営大学院に付属す

るベーカー図書館の企業資料部門（Corporate Department）に通いつめたのは，4半世紀前の初夏のことであった．ところが，今度この部門の所属する中心的資料であった641社に達する代表的アメリカ企業の営業報告書コレクションが，すべてマイクロ・フィッシュとして購入可能となり，ベーカー図書館に所蔵されていたそのオリジナルは一橋大学図書館に収められた．この機会に，経営史の資料として利用価値の高いこの営業報告書の周辺を探ってみよう．

経営資料の公開

なまの資料を使って経済史研究を実践する態度は，必ずしも古いものでもないが，ほぼ学としての経済史の確立と一致するので，既に近々1世紀に達する歴史を背負っていると言えよう．これは特に経済史が国民経済の歴史として発展したために，様々な数量的データとか法規集に恵まれていたことと係わりがないわけではなかろう．これらは国家の政策的要請によって作成されたものであり，その政策遂行のためにデータの公開が欠くべからざるものであったと言えよう．法規はどのようなものであれ，公示されなければ意味がなかったし，国勢調査は結果を発表することによってひとつの政策目的を果たすことになったのである．

ところが，国民経済を構成する細胞である私経済＝経営活動に係わる記録は，正にそれが私的営みであるが故に，初めから公開すべきものでないとされ，その活動記録さえ当の経営主体が必要と認める限りにおいて，それが記録されたに過ぎないのであった．企業経営を適正に行い良好な業績を維持するには，個人企業やパートナーシップによる，いわば密室の経営においても，正しい資本会計が用いられなければならないことは言うまでもない．しかし同時に，これなくして企業が成長し得ないというわけではなかったことは，付言しておいてもよいであろう．1884年出版のイギリスの標準的会計書には，未だ「資本会計は必ずしも常に火急の重要性を帯びているとは限らない」と時代離れした主張が記されていた．しかし，ここに至る時期は，言うまでもなくこの国の企業が「世界の工場」として雄飛した時代でもあった．

資本の所有者が同時に経営の当事者である限り，期間利潤計算の厳密性に対する社会的要請は起り得ようもなかったであろう．それがいわば経営の勘による程度の正確さしか得られずとも，家産として事業を続ける限り，短期的な数字にとらわれる必要はなかった．資本の擬制化が進行することにより，初めていわば経営の外からディスクロージャに対する要請が高まったのであった．しかし，その足どりは予想以上に遅々としたものであった．

　そもそも経営者にしてみれば，経営の公開を必要とする理由などは見当らなかった．競争者に対して企業秘密を守ることは，経営者の主要な関心事であり，企業活動の公開たるや正にこの経営の秘密主義に反するものであった．これを打破するには或る種の強制を必要としたのである．それは形式的に言えば，欧米の会社法やわが国の商法による公開義務の規定ということになるのであろうが，それは前述の所有と経営の分離という状況のもとで法制化された．これにより経営者にとっては，たとえ株主ならずとも公衆は潜在的株主として映ることになり，経営の円滑な運営のためには，彼らの存在を無視することは出来なくなったのである．歴史的に考察して，世界各国において鉄道会社の営業報告書が，例外なく詳密で内容が豊かであるのは，この多数の株主と鉄道株に対する資本・流通市場の存在なくしては，到底考えられないものである．しかし，これは例外的な産業分野であり，営業報告書が単に貸借対照表のみではなく，経営の実態に関する他の情報をも記録するようになったのは，経営者が株主ばかりでなく公衆一般を，経営環境を構成する要素として自覚するようになってからであろう．社会と企業との係わり合いが最も早くから注目を集めてきたアメリカにおいて，企業のパブリック・リレイションが鋭く自覚され，そのなかで営業報告書の対象も，株主を越えてより広い一般公衆を意識するまでになったのである．

営業報告書の変遷

　イギリスでは，1862年の会社法において，経営の基礎資料（ただし貸借対照表は含まず）の通産省への提出と同時にその株主への公開が義務付けられてい

るが，これは株主が要求した時の場合であり，必ずしもバランス・シートの公衆への公開を意味しなかった．しかし，当時の公開株式会社の理想は，「民主的経営」にあったので，経営政策の決定さえ株主総会の席上で行われるというような光景さえ観察されたのであった．この総会の席上で，取締役員名簿を記した簡単な貸借対照表を印刷した一片の紙きれが手渡された．これが今日数十頁にも達する営業報告書の起源であった．

　しかし，この「民主的経営」に対する信仰もきわめて短期間に冷却し，90年代には公開株式会社でさえも報告書さえ印刷しない企業も現われ，私会社的秘密経営がまかり通っていた．1907年の私会社の認定と同時に，公開会社には貸借対照表の通産省への提出が義務付けられはしたが，イギリス企業が営業報告書でこれ以上の情報を提供するようになったのは，まず指折りの大企業であっても，両大戦間に入ってからと看做して大過なかろう．例えば，代表的大企業たるI.C.Iの報告書を，筆者は26年の生誕以来殆ど完全な姿で所蔵しているが，殆ど発足と同時に小型の10頁前後のリーフレットに当該期の企業活動が項目別に記されている．しかし，第一次大戦前を代表する大企業たるシェル・トランスポートは，ロイヤル・ダッチとの合併以前は，きわめて不完全な貸借対照表以外には殆ど経営情報を報告書に記そうとしなかった．この点，わが国の紡績企業の「営業考課状」「報告」が，1890年代の企業創立以来大方が10頁を越える詳細なものから成り立っていたことは，特筆に価するものと言えるだろう．

旧ベーカー図書館営業報告書

　今は一橋大学にある旧ベーカー図書館営業報告書コレクションのなかで，641社のうち実に40社に関して1901年ないし2年から報告書の収録が始められている．これは経営大学院が1908年に創立されたことと無縁ではないであろう．コレクションを検討すると，既に1904年頃からワイドナー図書館（大学図書館）が営業報告書の収集にとりかかっていたようである．この頃に経営大学院の開設が日程にのぼっていたのであろう．営業報告書の収集は事例方法(ケース・メソッド)による授業

のためには欠かせないものであったので，大学はこれをまず手頃な1901年から収集することにしたものと思われる．しかし，この年から報告書の収録が始まっているのは，単に経営大学院の設立事情だけにあったのではない．1901年とは，言うまでもなくU.S.スティールの生誕の年である．つまり，この前後にかの合同運動（Merger Movements）の嵐が吹きすさび，多くの企業がその株式をこの時に初めて証券取引所に上場を始め，一人前の公開株式会社となったからである．それは前述したように，営業報告書の資料的価値を格段に高めることに貢献したのである．

この時から第一次大戦頃までの営業報告書は大別して二分することが出来るであろう．第一は，流通市場での売買は相当なものであるが，企業規模は小さい紡績企業の類のもので，依然として簡単な貸借対照表のみの記載がある．ちなみに，ウェスティングハウスは，1897年～1905年の長期に亘って営業報告書を一度も株主に対して提示しなかったが，これは例外と言うべきであろう．これに対して，19世紀の報告書の収録として唯一のものは「アメリカン・タバコ」であり，これは1890年に始まっている．1911年に解体を宣せられたこの独占企業は，既に20世紀初頭にはきわめて詳密なバランス・シートを記載していた．G.Eとかナショナル・ビスケットもこの類に入るであろう．この企業の1901年度の報告書には，チャンドラー教授によって引用された重要な経営戦略路線が記されている．

この時期には各州の会社法の多くは，株主に対して「年次報告書」の提示を義務付けていたが，その内容に関して触れる処はなかった．従って企業によってその内容には大きな差異があったのである．「ダイアモンド・マッチ」はその事業の内容からして大規模企業とは言えないであろうが，既に1901年から事業活動に関する報告を記録している．

20世紀の到来とともに，報告書の収録されている40社のうち約4分の3は，大方の予想するように鉄道と保険企業である．そして報告書の内容が比較的充実しているのも，これら業種の企業である．当時株主の企業に対する信頼は貸借対照表の数字よりも上場業務を担当した金融業者（フィナンシャ）に対する信頼にかかってい

第3章 綿業研究における史料的アプローチ

たと記されているが、これら金融業者にしてみれば、株主に対する責任上経営活動を株主に周知せしめることに関心を抱かないわけにはゆかなかったであろう．そもそも彼らは経営者よりも投資者の立場にあったのである．資本の発行・流通市場の発達が主要関心事であった彼ら金融業者にとり、株主を満足させる程度の経営の公開は必要なことと映ったのである．これと関連して一般論を言えば、1905年にイギリスの会計士の語った「職業としての会計はアメリカでは殆ど認識されていない」という主張はきわめて疑わしいように思われる．「アメリカ会計士協会」(American Association of Accountants' Society)が生誕したのは1887年であり、比較史的に言えば、やはりアメリカはこの面で世界の最先進国であった．前の主張は往々みられるイギリス人に固有の独りよがりに過ぎない．

　前述した一部大企業に観察された報告書に対する前向きの態度は、第一次大戦を終えてから漸次他企業にも普及することになった．それは黄金の20年代が同時に大企業に対する社会的反感が盛り上った時期であり、企業倫理が問われた時であったことを思えば、怪しむに足りない．既に1900年に当時の「産業委員会」(Industrial Commission)は議会に企業経理の公開と適正な監査を進言していたが、当時この声に耳を傾ける経営者は例外的存在であった．しかし20年代には、それは大勢の受け入れるところとなっていた．これはニューヨーク証券取引所とかアメリカ投資銀行協会、或いは公認会計士協会などの度重なる要請やキャンペーンに負うところが大きかったのである．就中、1929年以降の世界恐慌によってもたらされた経営環境のなかで、ルーズヴェルト大統領により「証券法」(Securities Act)が1933年に議会を通過し、公開の細目が規定されたのである．それ以後、営業報告書の内容は次第に厚味を帯び今日に至っている．第二次大戦後でさえ、これらの記録が単なる「幻想」(L. V. シーウェル)以上のものではないか否かは、個々の企業の報告書の内容と利用者の期待にかかっている、と断ずべきであろう．いずれにせよ、ここでわれわれは最近の経営史の領域ばかりでなく、おおよそ経済・経営科学一般に深い影響を与えつつあるチャンドラー教授 (A.D.Chandler, Jr.) の作品の資料的基礎が、この営業報告

書にあったということだけは，指摘しておかねばならないであろう．くり返し指摘した資料的制約もあって経営史研究は，経済史研究より遙かにおくれて第二次大戦後漸く本格的に始められた．とすれば，最も近づき易い経営資料である営業報告書が，日本の企業のそれをも含めて，最近現実に経営史家に身近なものになりつつあるのは誠によろこばしいことである．

5 制度の移転と転型——株式会社の形成を中心として——

はじめに

おおよそ国際比較の難かしさは，わたくしの指摘を待つまでもなく，この作業に一度手を染めた学究なら誰れもが痛感するところであろう．とりわけ質的な比較，なかでも共同研究によるそれは必ずや数多の障壁に遭遇することになろう．この点は定質分析につきまとう「理念型」的理解が，個々の研究者によって生来異なる「観点」に基づいて進められざるを得ないという宿命と深い係わりを持っているように思われる．国際比較，より具体的には比較経営史研究の前進のために，きわめてささやかな冒険をしてみたいというのが，わたくしが数年前から始めた紡績企業経営の国際比較であったが，何時終るとも知れないこの作業の持つ耐えられぬ程の重みが，最近漸く実感として身にこたえるに至っている．

比較研究では対象の選択がきわめて重要である．この出発点が多くの学徒に説得的でなければならない．国レヴェルで考えれば，今までわたくしたちの研究領域では，通常，欧米と日本，また特に日本と開発途上国との比較が行なわれてきたが，わたくしは複眼的比較を可能とするためには，これら三国を同時にとり入れた三国ないし多国間比較が必要であると考えた．それに加うるに，比較企業群は型の把握を可能とするほど大量現象として存在せねばならず，更に，それらはおおよそ同時形成的でなければならなかった．往々経済史では経済段階論的発想から，途方もなく相離れた時期の国際比較が行なわれてきたが，

わたくしの場合これを採らなかった．紡績業について言えば，19世紀第4・四半期から同じ世界市場の中で各国が競争関係に置かれていたのであり，この事実が自ら対象の選択を規定している，とわたくしには考えられた．かくして比較される国はイギリス・アメリカ・インドそして日本，時期は夫々の国で紡績公開株式会社が大量に設立された1870〜90の20年間とされた．以下においては，多方面に及ぶ形成期紡績企業経営の国際比較のうち，株式会社という制度，就中，その管理組織の「移転」transferと「転型」transformationという，少なくともわたくしにとってはきわめて興味深い問題につき，若干の指摘が行なわれるであろう．

株式会社組織と政治機構

紡績株式会社の管理組織を考察する場合，一国内における制度の移転・転型と他国間におけるそれという両面をみきわめる必要があろう．歴史的にみてまず前者を考えてみよう．イギリス株式会社経営の仕組みはどのようにして生成してきたものであろうか．肝要なことは，株式会社は近代的組織の一種であり，その運営に当っては他の組織の運営方式がモデルになり，その運営機構が移転・転型されて取り入れられたということである．

その組織とは端的に言って国家であり，ここでは近代会社企業が民主的国家運営機構の生成と全くパラレルに発達したという事実に注目したいのである．人も知る如く近代企業が会社企業によって代表せられ，その最高運営機構，つまり経営者組織（top management organization）が取締役会によって代表せられるとすれば，その萌芽的形成は既に17世紀のイギリス，就中，「イングランド銀行」の生誕（1694年，同7年株式会社化）の中に読み取ることが出来よう．そして，当行成立の基本的契機となったものが，かの名誉革命の際に革命政府の行なった財政支出であったことは，如何にも象徴的と言えよう．何故かなれば，名誉革命によって「議会主権」が確立したように，この由緒ある近代会社企業の先駆においては，その特許状の中に総会における株主により選出された頭取（governer）・副頭取（deputy-governer）各1名と取締役24名による企業経

営が謳われていた．株主の議決権は1人1票の記名式であり，最低500ポンドの株主に制限されていた．これを年収40シリング以上の自由土地保有者に置き変えれば，これはそのまま当時における庶民院議員の選挙資格となる．ここに国家からサブ・システムたる会社企業への制度の移転が読み取られるのであるが，この際議会主権に対応するものは，前記役員の経営政策決定権であり，ここに会社組織が近代的国家組織の形成とともに，歴史的にその第一歩を印したことが気付かれるのである．

にもかかわらず，わたくしはこのような先駆的株式会社を民主的企業組織と呼ぶことには躊躇するであろう．既述3役の職能は必ずしも明確でないばかりか，取締役の地位は頭取・副頭取に対し従属的であったと推定される．また，選挙資格としての株式500ポンドは，当時大商人層の年収に相当するものであった．この点に関しては，名誉革命によって訪れたものが，民主主義の世の中ではなかったのと同様である．会社経営における民主主義は，準則法による会社設立の許可，つまり「会社法」（1856年）の制定により，その基礎が築かれた．そして前年に立法化された「有限責任法」とともに，これらの法制化に積極的役割を演じた集団の一つの流れが，チャーチズムにその政治的系譜を求めることができる急進的議会改革論者の末裔であったことは，まことに意義深いことのように思われるのである．産業革命とともに訪れた資本の有機的構成の高度化は，従来のように小親方が企業者に上昇することを次第に困難にし，チャーチズムに敗れた彼らの後継者たちは協同組合運動に身を投じ，節倹を宗として貯蓄に励み，同志を糾合して協同して事業経営に乗り出し，経済的上昇の願いを果そうとした．

それには今までの個人企業と異なり，有限責任でかつ出資分の換金が可能な株式会社経営の法的促進＝準則法化が必要とされた．これに答えたのが既述の会社法であり，かくしてその促進主体にとり，株式会社経営は経営の民主化として，大資本家によるパートナーシップ企業の専制的経営に対抗するものとして，生み落されたものであった．当時会社法に基づいて雨後の筍の如くに設立されたランカシャの綿紡績公開株式会社が「協同組合的会社」co-operative companyと呼ばれたことは，わたくしたちにマルクスが『資本論』で，資本制的株式企業を「協同組合工場と同様に，資本制的生産様式から組合的生産様式への過渡形態」（強調点は引用者）と位置付けたことを想起させるであろう．この会社法制定の時代は，経済的には「世界の工場」と称されたイギリスの黄金時代であり，政治的には第一次選挙法改正で裏切られた議会改革運動が，第二次改正（労働者への選挙権拡充）への結果を未だ果たし得なかった時代であった．

そんなわけで，この時代の公開株式会社経営の仕組みには，国家の運営方式のアナロジーから乖離した更にラジカルな点を指摘することが出来る．議会における間接民主主義は，企業においては取締役会による経営政策の決定を意味したが，当時の公開株式会社では，経営政策決定の場は往々株主総会に委ねられた．言わば，直接民主主義であった．またイギリスの国家運営機構では，立法・行政の密接な結合が内閣を通じて実現していたが，公開会社が好んで採用した「会社法」の模範定款（B）は，取締役が執行の責任者たる支配人（manager）を兼ねることを禁じ，政策決定集団と執行集団が分離して経営の民主化を実現しようとした．取締役会長は庶民院議長と同様，たてまえは決定投票権（second vote）の行使の時以外には政策決定に与からなかった．ランカシャの公開紡績会社では，取締役の立候補者は株主総会の席上で，1人1票の原則による挙手投票により多数の候補者の中から選挙された．取締役たる資格は1株（5ポンド券）とされた．取締役への選出の尺度とされたものは，単に持株数だけでなく綿業経験者たることであり，経営者として資質の有無が問われたのであり，取締役は常に他の定職を有していた．ここでは株主の経営への参加意識が彷彿としていた．

ところで，この民主的経営の理念に基づく公開株式会社と併行して，当時のイギリスには同じ「会社法」を利用した個人企業の改組による閉鎖的私会社が生誕しつつあった．彼らは模範定款（A）を基準として株式会社に改組されたもので，取締役の持株資格は厳しく，株主の移動は取締役会の承認を必要とし，政策決定と執行は専務（managing director）が両職能の最高責任者になること

により，人格的に統一されていた．株式会社形態は採用したが，依然として同族による専制的・集権的経営が施行されていたのである．経営者は大株主たるべしという通念は，実はこの公開ならぬ私会社（private company）経営の流れに発した理念であった．しかし，若し経営者職能が稀少性を帯びた専門職能であるなら，元来，資本所有者たる大株主が経営者たる資質を有するという保証などあろうはずがない．前述の通念に生まれたのは，経営者職能を有し経営に成功した個人企業だけが生き残って私会社にまで成長したのだという過程を見ずして結果だけを見て生まれた判断だと思われる．また，経営者職能の稀少性を看過した伝統的古典学派経済学が作り上げた「経済人」という平均概念が，通念の確立を側面から支持したというようにも解せられる．

20世紀の夜明けとともに，近代的企業経営組織がアメリカを中心にして形成され，学卒出の専門的経営者が登場し，それが所有と経営の乖離の一契機となったとは通説であるが，実は以上述べたように，出資額に依らない取締役の選出，企業のガラス張り経営，経営政策の民主的決定メカニズムは，「会社法」制定の時から経営民主化の模索の中で，実行に移されたことなのである．草創期の公開株式会社こそピープルズ・キャピタリズムの名に相応しい．専門的経営者による企業経営はその延長上にあるものと言えよう．

制度の移転

以上の通りイギリスにおいては，国家の運営機構が企業の経営機構に移転される過程において，その民主主義という政治理念もまた経営理念として引き継がれたのであった．ところで，制度の二国間移転を問題とすると，このような事態はむしろ例外的にしか起り得ない．相互に社会・文化構造を異にする場合，完成したものとしての制度は，それを支えた理念とは切り離されて移転され得るし，制度の場合でも技術移転と同様に全く失敗に帰することがある．例えばわが国の体験としても，近代政治制度に全く不慣れな明治の初期に，株式会社制度の導入を意図した為替会社・通商会社が，ことごとく失敗に帰したことは周知の事実であるし，議会代表制度が曲りなりにも発足した1889年前後が，丁

度日本における株式会社企業の最初の興隆期に相当することは,注目されてよいように思われる.わが国の紡績株式会社もこの時に設立ブームを迎えたのであった.

しかし,制度が受容される過程で如何に転型されるものであるかは,インドにランカシャと同時代に生まれた公開紡績株式会社の経営を分析した時に,鮮明になる.インドではイギリスで「会社法」が制定された翌57年「インド会社法」(Indian Companies Act)が制定された.それは殆どイギリス会社法のコピーとも言えるものであった.しかし,これに基づき紡績株式会社が陸続と設立され,紡績業がランカシャと殆ど同時にボンベイを中心に勃興した時,そこで展開された会社経営は,ランカシャのそれとはおおよそ異なる経営理念に支えられていた.株主の選出した取締役による取締役会は存在したが,それは経営政策の決定のために機能しなかった.この場合,既述した資本所有者が必ずしも経営職能を保証されていないという論理の端的なケースに相当するように思われる.つまるところ,取締役会は,会として特定の取締役を相手に,経営権を長期に亘って代行させるという契約を締結することが慣行化されるに至るのである.通常「経営代理制度」(managing agency system)と呼ばれているものがこれである.かくして経営は全く特定の取締役の専断に委ねられ,株主総会と取締役会は全く形骸化するに至ったのである.この「代理制度」は,インドばかりでなくアジア諸地域に根を下し,第二次大戦後に至るまで,その強靱な生命力を維持した.ここで喚起したいのは,時に感じられる当制度に対する諸悪の根源的発想ではなく,近代株式会社制度をともかくも移植することは容易なことではないという歴史の教訓であろう.

既に与えられた紙幅の関係上,アメリカと日本の経営組織の個性的あり方について記すことは出来ない.更にここでは,この経営者組織という問題に的を絞って企業経営の国際比較の一端を論じたが,このような比較は他の諸々の点についても,可能となるであろう.

第 4 章　ランカシャ紡績企業の定款・営業概観（1900〜1920年）及び清算人報告書

序

　筆者はランカシャ紡績企業を300社以上について調査したが，本章では第1節で，今まで触れることのなかった定款について記述し，第2節では，オルダムクロニクル紙に年末掲載されるその年の業界概観について，極く数行のみを，重点的に記述したい．狙いは，1919年から物価高により総資産額が上昇して資産再評価に至る過程を知ることである．そして最後の第3節では，『東西繊維経営史』（同文舘出版，1998年）において収録出来なかった清算人報告書を5企業のみ掲載したい．なお，各企業の歴史と製造綿糸の細目を末尾に記載した．

1　定款の変化

　経営方法には全く変化のなかったランカシャの紡績企業において，創業ブームの初めから20世紀初頭にかけて変化が見られたのは，定款と職員層の構成であった[1]．本節ではまず定款の流れの変化を見ることにしよう[2]．
　その端緒は1858年に求められ，第2次大戦後まで企業の操業が持続し，かつ形成当時協同組合精神の先駆的所産と見做し得るサン・ミル（Sun Mill）企業においては，出立当時から完成したような形で定款が定められたとは思えず，1860年の定款が現存するのみである．そこでは株主は持ち株数に拘らず1票の権利を有すると記入されている[3]．1870年に至っても株主数1,153名のうち1株株主が38名記録されている．当時オルダムクロニクルの株主総会記事には取締役に立候補した株主に対して挙手によって採決が行われたことを生き生きと報じている[4]．この紡績企業登記ブーム（1873～5年）に登記された企業[5]では定款は必ずしもステレオタイプ化されたものではなかった．
　例えば1873年6月3日に登記されたモス・レーン（Moss Lane）の紡績会社の定款は将来とも全資本金額は£120,000を越えないと明記してあった[6]．当社は他の大部分の企業のように額面は1株が£5ではなく£10で発行株数8,000

第4章　ランカシャ紡績企業の定款・営業概観(1900〜1920年)及び清算人報告書

で構成されていたのである(7).

　当企業は株主の投票権が最初から1株1票と明記されていた．当企業は2家族による支配が強い企業であった(8)．2年後には臨時株主総会で，それまで取締役の資格として必要であった株数を50株から20株に下げているのは，ブーム期に株式の売却を意図する取締役がいたのであろう(9)．更に1898年には，必要株数を最少7株と下げている(10)．19世紀の8〜90年代に定款の改正が各企業で相次いで行われた(11)．

　1例として1874年のブーム期の6月9日に登記されたトーハム（Thorham）のケースでは，1899年に臨時株主総会で定款の改正が通過して，69条で初めて1株1票が明記され，取締役資格の必要条件は5株（£25）(12)所有（75条），取締役5名以下（75条）と規定され，その他に株主総会の承認なく綿糸販売人，保険代理人を指名できる（78条）と規定している(13)．

　専務（managing director）は既に存在していた(14)．1884年に登記されたCavendish C.S.C.の発足時の定款によれば，株主総会では5名かそれ以上の株主の要求があれば，その決定は挙手によって行われること(15)，その時は5株まで1株1票とし，同時に100株まで5株加える毎に1票加算と明記し，最高10票と決定してあるので，持ち株数10票以上の権利を株主が所有することはなかったのである(16)．また1900年に改定された定款は，持ち株数が10株以下になる場合の名義移転を禁止し（28条）取締役の必要株数を50株（79条）と変更した．ここで1株1票制が初めて導入されたのである(17)．

　ところで，最後の紡績企業登記ブームの時に定款にはっきりした変化が読み取れる．これを主要項目について概観すると，1株1票の原則は例外企業を除けばまず一般的となっており(18)，取締役数は4名から7名が中心である．但し例外も見られる(19)．興味があるのは取締役の年報酬であり，それまで取締役年報総額と表示していたものが取締役1人当たりのポンドで表示する企業も少数記録されている(20)．大多数の場合は総額で£200から£500である(21)．取締役は最多7名というのが普通であるが，少ない場合は3から5名であった．中には初期のオルダム企業のように詳細な規定のある企業もあったのである(22)．以上

定款の変化の流れを見たが，大株主支配の可能性を定款にも読み取れたことであろう．参考のため本節で触れた企業の規模と歴史を，知り得る限り，末尾に付記し，続いて19世紀末から20世紀初頭に登記された若干の企業の定款も補足したい．

2　業界概観（オルダムクロニクル紙より）

1900年における綿紡績業　かなり良い年（1900年12月24日）
　1900年におけるオルダムとその周辺地域における紡績企業の業績と利益は，1899年にあげた利益程良いものではなかったが，1990年以前のどの年の利益と比較しても勝っていた．我々は128企業の業績表の結果を得ることができたがその内で86企業だけが貸借対照表を発表しており，貸借対照表と在庫品の結果を公開したのであった．これらの企業によって発表された平均的利潤は，1企業当たり年平均£3,405，支払い済みの株式資本に対して，1企業当たり£8.7.2.であった．

今年と前年度
　昨年の利益は1企業当たり£4,406であり，別言すれば，1株当たり配当が10％であった．それ故に1898年と比較すれば，1企業当たり1899年より£1,000の利益減少があったことになるが，1企業当たりについて言えば，それは£100だけ良好であった．
　オルダム紡績業は過去4分の1世紀の間継続して利益を保持してきた．1888年から1890年の3年間の平均利益は，1企業当たり£3,232であった．また，1897年から昨年までの過去3ヶ年間の年平均利益は，£3,707であった．
　昨年と今年の利益の減少を比較するのはここでは出来ないが，主要な原因は多くの企業が操業短縮を行い，他の企業は原綿不足で操業中止に追い込まれたからである．この数字が示すように，オルダムの紡績業は綿生産の不作と，この年一杯続いた綿花の高価格によって，利益の£1,000程度が摘み取られたの

第4章　ランカシャ紡績企業の定款・営業概観(1900～1920年)及び清算人報告書　　103

である．

1902年

　昨年のオルダム紡績企業の業績概観の報告書は，1895年から始まった紡績企業の利益を生み出す期間は未だ終了していないと記した．1901年はかなりの利益のあった年であり，それは以前の3年間を引き継いだものであった．我々の集めた業績報告が示す限り，1898年から1901年までの1企業平均利益は次のようなものである．

　　　1企業平均利益
　　　1898(年)　　　£3,309
　　　1899　　　　　 4,406
　　　1900　　　　　 4,179
　　　1901　　　　　 3,674

　しかしながら，12ヶ月前1902年の業績結果が思った程良いものではないという徴候はなかった．1901年の後半期は企業により様々であり，不確かなものであった．有能な観察者はここ数年間経験してきた紡績業が更に困難な不況に出会うことになろうと予測していた．その後の出来事はこれが正しかったことを示した．極めて少ない利益のために売却された山と積まれた綿糸在庫が今年の初め大いに嘆かれ，組織された操業短縮は短期間であったが好ましい結果を生んだ．その結果，原綿不足と価格の急落が，紡績経営者に深刻な関心を呼びおこしたのである．

1903年

　長年の慣行に従って，再び読者に対してこの地域の紡績企業の地位を示した若干の信頼し得る数字を提示したい．しかしながら，この数年は以前にそうであったほど確信がおけるものではない．

　というのは，第一にその数字は以前の多くの機会に利用出来たもの程充分なものではないからである．それは，多くの企業が貸借対照表の発行を中止して

しまったからである．勿論，知られているものから知られていないものを述べるのは出来ないものではない．例えば或る発表済みの企業業績が良いことから，他も良かったろうと論ずるのがこの類推である．しかし平均の法則というものは結局正確ではなく，取り引き問題をこのような手法で論ずるのは非現実的であろう．そこで実証出来る側面に対象を絞り，将来情報を得られるような場合には読者はここで提供出来る情報を企業分析に利用してくだされば幸甚である．

しかし今年の業績はもう一つの理由から良好とは言えなかった．綿花取り引きにおいては激しい痛みと苦痛の1年をようやく通過したところであった．周辺には充分な原綿が綿花市場には残されていなかった．従ってそれが自然体に委ねられる限り，事態は流動的であった．投機業者が市場に介入して原綿の買い占めを行った．かくして原綿は何時もの価格より高くなってしまったのである．操業短縮と運転中止がその結果として生まれ，オルダム紡績企業の年操業時間が短縮されることになった．

昨年度は景気が平常の状態ではないというのが対象となり，業績を発表した企業では企業全体で£57,935の利益となったが，1企業当たりは£658であり，1893年以降最悪の結果であった．次の表は過去20年間の1企業当たりの平均損益を表示したものである．

1企業当たり損益

年		
1884（年）	利益	£2,083
85	損失	31
86	〃	686
87	利益	986
88	〃	2,952
89	〃	2,566
90	〃	4,177
91	〃	116
92	損失	1,127
93	〃	782

94	〃	170
95	利益	667
96	〃	508
97	〃	1,870
98	〃	3,309
99	〃	4,406
1990	〃	4,179
01	〃	3,674
02	〃	275
03	損失	682

1904年の紡績業

　1904年における最も注目すべき特徴は，操業中の工場が操業短縮を維持した驚くべき方法であった．カルテルは1903年にはかなり成功を究めたが，原綿不足がこのカルテルに追い風となったのである．連絡の不足と高価格は1903年に買い占め商人が満足する程までに高い価格を維持することになった．それはまた綿糸取り引きの中で激しい痛みを伴う緊張の時期であって，1895年以来の如何なる年と比べ最悪の結果となった．またその結果が完全に理解された時，1904年は操業短縮の年となるであろうと予測された．もし何等か根本的保護策が採られなかった場合，悲惨さはこの分野で支配的なものとなってしまうだろうと考えられた．1903年の経験は効果のないものではなかった．業界の誰もがこの不況を安全に乗り切るためには組織的な操業が1，2週間ではなく長期に亘って続けられ，原綿不足に至るような期間まで続けられねばならないことを承知していた．つまり，工場は原綿在庫に相応して操業されるべきだと考えていたのである．他の政策を採ることは結局原綿を投機者に集めることになってしまうであろう．

1905年の紡績業
繁栄の年

　綿花取り引きは1904年の収穫が豊作であったことを受けて，過去1，2ケ月の間利益を充分に享受した．世界中の綿花の不作と他の原因による原綿の不足と綿糸の減少は，イングランド製綿糸に対する需要を強めることになった．この需要によって，世界中の紡績業者は充分な利益を享受できたのである．1905年の綿糸取り引きが如何に利益のあるものであったかは，オルダム地域の紡績会社の配当から窺うことが出来よう．貸借対照表が公表された96企業の内，全企業が利益を計上したが，過去20〜30年の間にはこのようなことはなかったのである．

1906年の綿糸取り引き――かなりな利益の一年――

　ランカシャの綿布業に関係するあらゆる者は，1906年度を，たとえ未曾有のものではないにせよ，1906年度は最近にない繁栄と成功の年として回顧するに充分な理由がある．原料の充分な供給，国内と海外市場の取り引きの拡大，大きなマージン，満足のゆく利益，高い配当と多額のボーナス，賃金増加，1906年にこれらの事実が同時に到来したのである．1906年は綿糸業界で最も満足のゆく年であり，来年についても少なくとも希望が持てると考えられ，紡績株式の所有者はあらゆる点で喜んでよい理由があると言えよう．良好な配当というのが殆ど一般的なものとなっている．

1907年――記録破りの前例のない利益の年――

　慣行に従って今年のオルダムとその周辺地域の紡績企業について言えば，未曾有とは言わないまでも，今年は1905年の好業績よりも更に満足のゆく結果を生み出せたのであり，一段と良い成果を享受出来たのである．今日提示出来る数字は，1907年が今迄の繁栄を越えたものであるばかりか，以前のレコードを更に更新するものであることを語っている．

　恐らく景気は――多くの人々は確実に同意するであろうが――好景気の波動

第4章　ランカシャ紡績企業の定款・営業概観(1900～1920年)及び清算人報告書

の終わりにあり，翌年は1907年に経験した素晴らしいレベルが，比較を殆ど無意味にしてしまうほどのものとなろう．

綿糸取り引き　1907～8年に至る200社に及ぶ企業の業績

以下の記述において，種々の企業を対象に明らかになった綿紡績業の財務的局面の諸側面を提示することにしよう．

過去1年間を回顧すると極めて楽天的な課題を提示したが，今年の業界は同様に前例のない利益，多くの企業の累積損金の消滅と巨大な損失の減少，巨大な内部留保の積み増しと，前例のない利益配分を記録することが出来たのである．しかし今年度について言及しなければならないのは，別のことになろう．ここに提示する数字は，業界が最近経験したスランプの幅広い影響と，現在までは直接影響が及んでいない分野について十分に報告することは出来ないが，今年の末に在庫量がはっきりすれば，この不況の実態も明らかになるであろう．

この景気の下落は予期できないものではなく，1年前にこのコラムの中で業界は景気の頂点を終えており，下落の徴候が観察されると記述したのであった．今ではこの予言は余りにもはっきりと明らかなものとなり，それは次の在庫が明らかになるまでは在庫品は前例のない程増加し続けるであろう．最初の前半期のマージンは未だ僅かではあるが，後半期に至ると過去10年間のうちで最も破滅的な結果をもたらすことになろう．

1909年の紡績業界
破滅的な年・大きな損失・215企業の業績

7週間の工場閉鎖の後に操業が再開された時，ランカシャの紡績業は，それが直ちに好影響に繋がらないにしても，市場価格の改善には好影響をもたらし，重大な懸念を生みつつあった不況にはピリオットを打たせるであろうと期待されていた．しかし，この期待は実現しなかった．年度初めの悪い状況から新しい綿の値ぎめが近づくにつれて，業界で経験を重ねた商人にとっては，少なくとも30年間のうちで最悪の記録となろうと考えられている．

1910年の綿業取り引き　39企業が無配当
約30年間での最悪の結果

　紡績業界において1910年は記憶されるべき年となるであろうし，このような大不況と労使の間の緊張感は今後再度起こることはないだろうと信じられている．労働者によるストライキと積立金取り崩しによる配当は，今年の目立った特徴となり，雇用と賃金に関わる争議は半年間以上終結することはなく，業界だけでなく，争議によって直接影響を受ける人々に深刻な影響を与えている．しかし幸運なことに，最近の数週間は継続的に改良に向かいつつあり，この状況は今後数ケ月間も同一方向に動くであろうと考えられ，恐らく新年以降もずっと続くであろうと予期されている．

1912年の紡績業
繁栄せる年・高い利潤の実現

　1912年に当たっての予言は，オルダムとその地域の紡績企業にとっては非常に好況の年になろうということであった．市場は繁栄を維持し続けており，一方では原綿価格は安価に止まっていたからである．そのため操業短縮の機会は全く無かった．紡績企業が発表した業績は，この年の事業のよい結果を充分には提示していない．というのはこれらの数字は最後の在庫品検査までの数字しか計算されていないからであり，若干の原因からその数字は数ケ月古い数字であったのである．貸借対照表の発表を遅くさせるという傾向はサン（Sun）とウインザー（Windsor）という2企業で今年続けられた．つまりウインザーは若干小さな企業であるが，サンは最大級のオルダムにおける有限責任会社のパイオニア企業の1つであり，この政策の変化はこの場合オルダムで大きな驚きを呼んだのであった．昨年末のこの企業の利益額は集計してほぼ£27,340に達している．

紡績業の業績結果（1914年12月26日）
第一次世界大戦の深刻な影響・オルダム紡績企業の甚大な損失

　仮にヨーロッパ大陸と世界貿易がこの年の中葉における戦争の開始によって混乱がなかったと仮定しても，紡績会社に関する限り，この年は利潤追求には平凡な年であると述べてよかったであろう．だが現実には業界は1年を通して不況であり，紡績業者の多く，就中，オルダムの業者にとって，戦争は事態を悪化させ，その結果破滅的なものであったことが表からも明らかであろう．昨年のほぼ半数の企業を比べると約58の企業に巨大な損失金が計上されている．

　いつものように企業の業績の表示から始めるが，事業は年を通じて不況であり，大部分の企業において戦争は業績の結果をいっそう悪化したのであった．それによれば，このリストは66企業の営業細目を含んでおり，利潤を公表した．その払い込み資本総額は£2,376,852，ローン総額は£1,170,234，設定された抵当は£24,529である．償却と利子と他の諸経費を差し引いた後にこれら66企業の営業結果による純損失は1企業当たり£7,492程度であり，或いは資本投下に対して0.31％しかなかった．企業によって支払われた配当は5.86％であったが，66企業のうちの12企業は無配であった．これら66企業の計上利益と準備金の総額は£286,535，これを1年前と比較すると今年は£336,000であった．他方損失額の総計は1年前の12月に£57,800であったのに比べて，今年末は£94,858へと著しく増加したのであった．

紡績企業の業績結果（1915年12月24日）
利益と損失の混合

　以下に配列したオルダムの284企業の営業結果について，その内の116企業が業績を発表したが，これら116企業の中で51企業で利益があり，残り65企業が損失を計上しており，二分法の中の差は£40,226の損失となっている．

繁栄の年 (1916年12月30日)

　ヨーロッパにおける未曾有の難局は，2年前の8月に開始された戦争時に予期されたものと非常に異なった結果を紡績業に対して与えた．戦闘開始初期に貿易がパニック状態になり，最初の12ヶ月間，紡績業者によっては記録的な原綿下落による損失が到来した．しかし注目すべき変化が1915年秋に訪れたのであり，1916年は紡績業にとりかなり繁栄の年になるのではないかと期待された．この予測は真実になり，結果として多くの企業は損失金の計上から逃れ，復配に踏み切り，また配当出来るような企業は，株主に更に良好な業績を報告出来た．現在の原綿の高価格にも拘らず，紡績業者が直面している主要な問題は原綿の入手である．労働力と輸送力という難問題は年末に，恐らくもっと深刻な懸念を生んだ．昨週末，明らかにされた紡績企業の業績結果は業界が非常に健全な状態にあることを物語っている．122企業の業績結果が提出され，配当（無配当企業も含め）は更に他の183企業についても提示されている．結果が分かる企業の中で，14企業が損失を計上しその総計は£45,073である．他方，残りの106企業は総計で£527,425の利益を計上している．その結果，純利益として122企業で£432,442の額に達したのである．

紡績企業の営業成績 (1918年1月12日)

前年に続く好業績

　1917年における紡績会社の営業成績について業界は変動を繰り返しており，1917年の間，非常に満足すべき状態にあると記述したが，記事のスペースが不足したため充分な記録を読者に提供することが出来なかった．しかしながら，次表を見れば，1企業当たり利潤は大戦勃発の年には減少したが，それ以降は利益を計上する企業が多数を占めているのである．

1912（年）	利益	£13・13・8	パーセント
1913	利益	£13・7・7	〃
1914	損失	£0・6・3	〃
1915	利益	£0・9・10	〃

第4章　ランカシャ紡績企業の定款・営業概観(1900〜1920年)及び清算人報告書　　　111

  1916   利益   £11・3・7   〃
  1917   利益   £11・17・3 〃

紡績企業・株主の交替・新水準と新しい価格（1918年12月27日）
他方紡績工場での前例のない発展

 1918年は紡績業市場において業界の利益の急激な上昇ばかりでなく，就中，多くの企業が売却され，より多額の資本金で再上場されたという点から綿産業史上長い間記憶に留められることになろう．4月に最初の企業であるパイン（Pine）が売却されたが，その時には未だその売却が何を意味するのか理解されていなかった．しかしながら，1〜3週間後には他の企業では工場の売却が何を意味するか周知された．そしてその結果，その紡績業に係わっている人々により売却の申し立てが進み，短期間のうちに工場売却ブームが始まり，本年末に未だこの売却ブームが終わったという徴候は，感じられないのである．企業は暫次，そして多くの場合，静かに株主をかえ，多額の手形を手にした旧株主は株式が急激に値上がりしてゆくのを見届けたのである．

 オルダムばかりでなく，ランカシャの他地域においても目の眩むような株価の上昇が見られ，それは2,3年前の株価の数倍にも達していた．この町では数週間のうちに低所得層から高所得層に至るまで，あらゆる階層の人々が熱狂してこの取り引きに係わろうとした．投機熱が熟し，投機によって短期で利益を手にすることが意図された．将来について言えることは，このような3度目の上場がどのような結果を業界にもたらすかということよりも，業界が当分の間あらゆる点で好況であるということであろう．自然なことなのだが，この業界は現金を求めて参入した部外者たちに門戸を閉ざし続けることは許されない．そして合同紡績企業（Amalgamated Cotton Mill Trust）は多くの企業の買収に乗り出し，ホロックス，クロウドスン（Horrockses & Crewdson Co.Ltd.）が業界の最大の中心的企業となり，取り引き額は総計£500に達するものであった．

素晴らしい株価,その価格評価 (1919年1月11日)

　1918年度初頭から現在までの紡績企業の株価を比較すると,これは極めて注目すべき値上がりを示している.多くの場合はこの1年間で株価は2倍になっている.しかしながら,多くの株式の資本価値は増加したのであり,その原因は専ら紡績企業によるボーナス支払いによるものであったということを,これらの変化を考察するに当たって,念頭に置かねばならない.

企業名	
Fir	1株当たり£1.0.0.の無償交付
Haugh	〃
Newbey	〃
New Ladyhous	〃
Holly	〃
Lily	〃
Moss	〃
Mutual	〃
Rex	〃
Royton	〃
Rutland	〃
Trent	〃
Plum	〃
Shaw	〃
Boundary	1株当たり£0.1.0.の無償交付
Dawn	〃
Deven	〃
Don	〃
Grape	〃
Pino	1株当たり£15.0.0.の無償交付

株式価格のあらゆる記録を破った年の繁栄1918年12月から1919年12月まで取締役への補償の問題点,企業売却のモラル (1919年12月27日)

　我々は,過去数ヶ月に所有者を変えたランカシャの紡績企業の将来の不安定な道程を予言している人々と,意見を同じくする者ではない.

第4章　ランカシャ紡績企業の定款・営業概観(1900～1920年)及び清算人報告書

　我々は同時に「紡績企業の売却」に関し非道徳的な深い罪を語る人々と意見を同じくする者でもない．「オオカミだ」と叫び声を出す人はしばしば疑われるものであり，一般的に言って彼の意見の誠実さは，誰に向かってそれを語りかけているかを見出すことにより，計られるものである．過去6ヶ月の間，しばしば紡績業に見られた metamorphosis（変態）について深い考慮なく言われたか，或いは経営者の利己心というものであった．

　紡績工場について語ることは何も悪いことではない．このような業界では完全に正当なことであり，このような環境のもとでは自然なことである．——というのは醸造工場や毛織物工場がそうである限りだが——殆どこの国の全ての企業が資本の再評価を行った．今週毎日その再評価により新しい資金が要求された．

　何故綿業について資産の再評価が行なわれたのか？　原綿購入者は物価の一般的基礎がここ数年来アメリカ産原綿が1ポンド（約453g）当たり5ペンスで購入出来たのが今では26ペンスであることを知っている．石油も石炭も機械の更新費用も賃金も全て価格が上昇し，企業はその結果多額の資金を必要とするに至っている．疑いもなく，企業売却の原則はそれと関係する唯一の問題点であり，買い手と売り手に対して彼等の行為を非難することは難しいのである．

　しかしこの企業売却ブームには，疑いも，非難も，逸れない後遺症を残すことになったのである．実際，大衆は数ヶ月以内にこの業界の少なくとも一部に対して強い非難を投げかけることになるであろうことを我々は信じて疑わないのである．

移行の時期・高価格と生産不足が主要因（1920年1月3日）
7月の状況

　7月の争議という事実にも拘らず，月の中頃から月末まで綿花先物価格は上昇し続けた．7月1日ミドリング並の綿花は1ポンド当たり20.74ペンスであった。8月25日になると市場での価格は更に上昇して22.05ペンスとなった．その時，この国ではストライキが各地に起こっていたが，最大の驚異を与えて

いたものは，ヨークシャにおける石炭坑の閉鎖であり，政府は1トン当たり6シリングの賃金アップを発表した．あらゆるものが繊維製品の取引き価格を引き上げる結果となった．争議は3週間続き，これは綿糸価格を攪乱する要因となったと考えられるであろうが，それは妥当ではない．

業界は，強い確信を持ち続けた．人々は巨大なアメリカ産原綿の剰余が来年に持ち越されるであろうということに警戒心を抱かなかった．これを暗に示すこともなかった．収穫は順調であった．

月の始めに発行される報告書は6月には5.6％の価格下落があり，これは前月の75.6と1918年の6月の85.5に対して70であった．7月の週間天気予報は更に確信を抱かせるものであり，綿花の収穫は量ばかりでなく質においても，充分に満足なものになろうという希望が増してきた．大海運会社は多量な綿花を予約し続けた．価格が高く，毎週上昇を続けているという事実は，商人が意思決定をする妨げにはならなかった．彼等は原綿購入を見逃すことがないようにと十分に注意しなければならなかった．

インドの紡績会社は，一貫して，特にボンベイとカラチ産原綿を購入した．カルカッタはどちらかと言うと購入が遅れる傾向があった．先物の直接購入は常に的が外れることが多く，商人はとりわけ思慮分別を働かさねばならなかった．更に安い価格で購入する見込みはなく，カルカッタでは既に利益のある設備を購入することを企て，それ故に注文を出す危険を冒したのであった．中国側は辛抱強く働きかけ，ジーンズやシャツはすべて予約された．エジプトに対して非常に活発な需要が続き，レバノンとの取り引きが更に活発になった．かなりの注文がやってきたばかりでなく，市場はかつてなく拡大した．少しくらい不完全な製品でさえ取引の対象となった．勿論これは世界市場が綿花を如何に熱心に求めているかを示すものであった．戦争で多くの年月を経た後にシンガポールも買い手市場であった．南アメリカの国内市場にもかなり需要があった．

ユニークな年の紡績企業の収益分析・巨大な利益 （1920年1月10日）

　原料のために支払われた記録的な高価格と高い操業費，1919年初頭の紡績業の争議という事実にも拘らず，紡績企業の産出利益は，昨年度未曾有の繁栄を紡績業者が享受することが出来たのである．

　超過利益に対する課税は減じられたが，結果として大量のお金がランカシャの特有の産業から大蔵省に流れ込んだのであった．

　過去半年間の企業買収のために，19年度中の営業結果を終えた財務状態を正確に分析することはこの時点では困難である．現在考察中の全期間を通じて蓄積された利益を資本化する傾向が続いており，その結果株主の投資に対する年間利益率は低下している．前年収益表示方法を（企業によって）3分類した．再組織（reorganization）を終えた若干の企業が既に業績を公表しており，これらの企業を別表として扱っている．紙幅の都合上，ここでは割愛するが，以下簡単な説明を加えておこう．

　昨年中に12企業が貸借対照表の公表を停止したので，その結果，表Ａに提示される企業の数は減少して24企業となった．これら企業は£1,168,225が使用資本でありその在庫調査の結果は1919年それらの総利益は£167,301であり，それは1919年に公表された株式資本に対して，年間31.4％の利益に相当し，1企業当たり平均£15,293であった．

　Ｂ表は155企業の業績を含み，興味深い事にはこれらの企業の内，普通株に対して配当を支払えなかった企業はヘンショー・ストリート（Henshaw Street）を別とすれば，1企業とて存在せず，どの企業でも今までの優先株配当の累積損失を払い終えている．

　Ｃ表は様々な24企業を対象としており，業績結果はＡ表と同様な方法で表示することは出来ない．

　新しく作成されたＤ表はＡ表と対比して興味ある比較結果を表示している．この表で取り扱われた18企業はＡ表の24企業による£1,168,225に対して£1,813,000の資本を利用しているので，18企業により分配された利益の£168,225と比較することが出来る．

3 個別企業のケース・スタディ

1) クラウフォード (Crawford Cotton Spinning Company：以下Crawford C.S.C.)

　1882年創立，100,000錘ロッチデイル所在．

　取締役の7名は夫々100～200株を所有し，織布・フランネル製造業者の他に梳毛業者も加わっていた．1884年£20,000増資に進んだ．1887年頃までに，Thomas Kennyonなる化学畑の製造業者が，1,120株所有の大株主になった．しかし20世紀に入ると大株主は，他の多くの企業がそうであるように紡績業者によって占められていた．1920年2月特別決議により解散が決議された．

　1920年同企業が新発足して新しい株主を求めた時，資本金は£600,000と称されていた．5名の取締役の最大株主であるJ.T.M.は16,000株を保有し取締役5名で8.4％以上の株式を所有していた．簡単な記録によれば工場と事業の購入が£581,956と評価され，それらの資金内訳は株主への割当£225,000，プレミアム£75,000，ローンと銀行からの調達£281,956と記録されている．この£581,956は，名目新資本金60万ポンドと結果として極めて近い数字なので，興味深い．株主は1,500名以上という大世帯であった．

　1937年6月28日に解散したが，そこへの過程に関しては全く知り得ない．

Crawford C.S.C. 清算人報告書

　各取締役は£575,855.5.3.の価格でCrawford C.S.C.の株式の27,920株を取得したが当社の株式は£5株28,000株で各£2が払い込まれている．前記株式の保有者として取締役はその購入に関与したのであり，古い企業の解散と当該企業の購入の配慮にも係わったのである．

第4章 ランカシャ紡績企業の定款・営業概観(1900～1920年)及び清算人報告書　　117

Crawford C.S.C. 貸借対照表　1921年1月28日

（資本と負債）		（資産）	
名目資本	600,000. 0. 0.	固定資産	502,395. 19. 0.
払込資本1株7s.6d.	225,000. 0. 0.	追加分	10,214. 0. 0.
ローン	194,501. 18. 7.		512,609. 19. 0.
各種債務（買掛金）	72,142. 16. 0.	償却	△26,184. 0. 0.
未払配当	3. 6. 8.	（固定資産合計	486,425. 19. 0.）
配当提案	7,500. 0. 0.	在庫品	98,060. 7. 3.
ウイリアム・ディーコン銀行	30,850. 19. 8.	綿花購入会社投資	60. 0. 0.
超過利潤税リザーブ	37,000. 0. 0.	マンチェスタ綿花協会	5. 0. 0.
次期繰越勘定	89,939. 1. 10.	手許現金	47. 15. 0.
		対綿花火災保険£50株 85株に£85支払い	554. 0. 0.
	£656,938. 2. 9.		£656,938. 2. 9.

Crawford C.S.C. 貸借対照表　1930年1月24日

（資本と負債）		（資産）	
名目資本	600,000. 0. 0.	固定資産	502,395. 19. 0.
払込資本1株12s.6d.	375,000. 0. 0.	追加	31,296. 11. 6.
差引未払込分資本金	△11,441. 6. 10.		533,692. 10. 6.
	363,558. 13. 2.	償却差引	△115,500. 0. 0.
先払株	6,219. 7. 0.	（固定資産合計	418,192. 10. 6.）
	369,778. 0. 2.	債権（売掛金）	8,197. 3. 0.
ローンと利子	49,764. 7. 7.	在庫等	20,721. 11. 7.

債務（買掛金）	10,244. 3. 3.	備品等	1,160. 0. 0.
未払配当	13.10.10.	投資等	5. 0. 0.
ウイリアム・ディーコン銀行	55,375. 8. 3.	未請求配当	13.10.10.
		手許現金	60.17. 3.
		繰越損失	31,931.12. 8.
		当期損失	4,903. 4. 3.
			36,824.16.11.
	£485,175.10. 1.		£485,175.10. 1.

Crawford C.S.C. 貸借対照表　1937年1月29日

（資本と負債）　　　　　　　　　　　　　　　（資産）

名目資本	600,000. 0. 0.	固定資産	502,395.19. 0.
払込資本1株£16s.6d.	495,000. 0. 0.	追加	31,296.11. 6.
			533,692.10. 6.
未払込分資本金	△32,337.13. 0.	差引償却	△115,500. 0. 0.
	462,662. 7. 0.		418,192.10. 6.
先払株	9,725. 9. 7.	差引B工場現金化	△19,110. 7. 2.
	472,387.16. 7.		399,082. 3. 4.
未払配当	10. 8. 4.	償却差引	△229,236.13. 1.
ローンと未払利子	5,380.19. 1.	（固定資産合計	169,845.10. 3.）
債務（買掛金）	461. 2. 4.	未還付の保険料, 地方税引継	146. 5. 0.
先払込への未払利子	44. 0. 0.	未払配当分の預金	10. 8. 4.
	10. 8. 4.	投資	5. 0. 0.
		ウイリアム・ディーコン銀行	2,614. 5. 8.
		手許現金	6. 9. 1.
			172,627.18. 4.

第4章 ランカシャ紡績企業の定款・営業概観(1900~1920年)及び清算人報告書

B銀行利子損失	229,236.13.1.
繰越損失	75,344.6.8.
半期損失	1,075.8.3.
	76,419.14.11.
£478,284.6.4.	£478,284.6.4.

Crawford C.S.C. 清算人の最終報告

（受取）		（支払）	
銀行現金	16,280.0.8.	前渡金	204.12.0.
手許現金	9.9.3.	前払利息	8,193.19.8.
土地売却	50.0.0.	2取締役の賃金	500.0.0.
未還付地方税	1,383.3.5.	賃金	192.6.10.
未収金	732.12.9.	電話代	7.7.0.
保険料(premium)割戻し	2.3.5.	電気，水道	2.16.11.
電話代預金	2.4.4.	スタンプ等	39.15.3.
移転費	0.2.6.	法的経費	23.15.0.
保険料割戻し	3.5.1.	収入税	204.0.0.
投資現金化	434.14.0.	1株43s.4d.の返却	9,093.10.5.
		清算人差引残高(balance)	435.2.4.
	£18,897.15.5.		£18,897.15.5.

〔出典 Public Record Office B.T.31. 32396/164904 X/J7829〕

2) タイムズ (Times Mill)

登記，1898年，資本金£80,000，£5株式 16,000株

この企業は少数大株主が支配経営した典型的企業である．一般的にいうと80

年代に設立されたオルダム紡績企業は貸借対照表を新聞紙上に発表せず，来社した株主にのみ閲覧させ，一般公衆に対しては門を閉ざす傾向が多くなった．また，取締役の選出まで挙手でしかも公開で行うというブーム時の「民主的経営」は全く後退してしまう．当企業はその最たるものであり，株主数僅か38名で，そのうち100株以下の株主は僅か15名である．最大株主のJ．ブンティング（J.Bunting）（彼は株式仲買人として広く知られた人物）が3,680株で約20％以上を有し，更に3,480株を所有する者を合計すると50％近くが，この2名の出資に依存する状態であった．更に1903年になるとロンドンのミドランド銀行がA．ホイット（A.Whytt）なる者の名義で5,280株を所有しているが，これはミドランド銀行の支配力の強まりを示すものといえよう．

1906年に倍額増資して資本金が£160,000となった．1908年にはモーゲイジ£12,000を設定して資金調達を行った．恐らく払い込みのコールに対する株主の反応を恐れたのであろう．1918年には取締役は，J.Buntingとその子息H．ブンティング（H.Bunting）の2名だけであった．

1920年，32,000株の払い込みは僅か1株£1で£32,000に過ぎなかった．翌1921年5月16日には不況の到来と共に£2の払い込みにコールを出した．1923年にJ.Buntingが死亡してH.Buntingが後継した．1925年5月28日には特別決議により取締役の報酬を所得税差引後年£200と増額した．極めて高い給与である．1935年8月15日資産再評価の波にも乗ること無く，経営を続けた当企業はついに解散を決議した．

Times Mill 貸借対照表　1930年4月28日

（資本と負債）		（資産）	
資本	133,621.15.4.	機械等1923年固定資産償却差引評価額	
担保付き借入金	132,445.5.10.		305,001.0.0.
借入金	177,251.4.0.	綿糸落綿等	41,803.8.2.
		保険・地方税	427.0.0.

第4章　ランカシャ紡績企業の定款・営業概観(1900〜1920年)及び清算人報告書

綿糸協会	198. 1. 6.
債権（売掛金）	23,663. 5. 3.
損益勘定	72,225.10. 3.

£443,318. 5. 2.　　　　　　　　　　　£443,318. 5. 2.

Times Mill 清算人報告書
1935年8月15日〜1936年9月24日

（受取）　　　　　　　　　　　　　　（支払）

手許現金	9. 6. 1.	清算人の弁護士への支払	24. 1.10.
帳簿上債権	81.14. 6.	清算人報酬	100. 0. 0.
他の受取	5. 0.11.	資産維持料	20. 0. 0.
未収保険料割戻し	104.12. 1.	広告代	16. 7. 6.
	200.13. 7.	偶発的出費	12. 5. 3.
資本金未払込み分	366. 8. 8.		172.14. 7.
		抵当	394. 7. 8.
	£567. 2. 3.		£567. 2. 3.

〔出典 Public Record Office B.T.31. 31617/57373 X/J5305〕

清算人特記事項

　1927年6月7日に設定された土地抵当は当工場の全資産を含んでおり未請求資本は例外ではあるが，ミドランド銀行がその繰越勘定に対する保証物件となっている．清算以前に当企業はその資本の全てに対して支払いを請求し，従って資産の売却の全売上高は費用と支出の支払い後，抵当権所有者に支払われたが，まだ£86,815.2.2.程の負債が残っている．従って，抵当権のない債権者や株主に利用し得るような基金はない．

3）プリンス・オブ・ウェールズ（Prince of Wales spinning Co., Ltd.）

Company Registration Office で当社の歴史に関する資料を検索出来なかった．念の為に付言すると時々カンパニーナンバーには記載されながら，資料が検出出来なかったり，あるいは destroyed（破棄）と記録された企業がある．

Prince of Wales C.S.C. 清算人報告書
1937年4月7日～1939年1月5日

（受取）		（支払）	
清算開始以降		清算開始以降	
ミドランド銀行	14,792. 8. 7.	弁護士費用	56.11. 5.
手許現金	1.11. 0.	清算人報酬	200. 0. 0.
銀行利子	21. 6. 3.	地方紙への広告	17.13. 6.
地方税還付	756. 6. 1.	付随的清算費	10. 0. 0.
未収保険料割戻し	6. 0. 5.	他の費用	
電話代リベート	5. 4. 5.	所得税	5. 2. 6.
受取手形	3.17. 8.	紡績委員会	84.17. 9.
正味現金化	15,586.14. 5.	オルダム市会	6. 4. 9.
清算時株主への請求	77. 0. 7.	銀行手数料	1. 3. 0.
		オルダム自治体	2.10. 4.
		電話代	11. 5. 8.
		賃金	64. 2. 6.
		文具代等	16. 6. 6.
		印刷代等	17.16. 5.
			493.14. 4.
		1株約£1の返還	15,170. 0. 8.

£15,663.15.0.   £15,663.15.0.

〔出典 Public Record Office B.T.31. 30854/9173 X/J5067〕

4）ニュービー（Newby C.S.C.），前身はエルム（Elm. C.S.C.）

1919年12月19日に再出発した当企業は，資本金£250,000と設定されていた．これは以前のエルム（Elm）の後継企業であり，改名されたものであった．

取締役は3,000株から8,000株を所有し，6名の取締役がその株式の9％を所有することになっていた．定款の88条には「経営や販売に従事している者が取締役のポストに就いた時は，その地位を捨てねばならない」と言う19世紀以来の慣行がそのまま踏襲されており，取締役はフルタイムの従業員になることは出来なかった．取締役の多くはShaw在住の者であり，綿紡績管理者を兼務していた．

工場の購入価格は£183,000という記録があり，その時，以前のエルムの負債を引き継いでいた．

1920年に1株10シリング合計£100,000が払い込まれ，これは当時としては払い込みの割合が多かったことが注目される．再発足時の株主は673名と多数を数えたが，そのうち154名は短期間のうちに売却した．1923年には更に159名が売却していた．数年の内に大多数の株主の名義が変ったことになる．

解散の決議が何時おこなわれたか明白でない．£1株式250,000株のうち169,150株に対して100％支払われていた．1938年清算時の最終報告が保存されている．

Newby C.S.C. 貸借対照表　1920年6月15日

（資本と負債）		（資産）	
未払資本1株10s.	100,000. 0. 0.	土地・建物	67,621.15. 0.
借入金	120,886. 6. 2.	建物追加	2,259. 0. 0.
銀行借入	32,866.11. 0.		69,880.15. 0.

取引責任者に	2,110. 0. 0.	償却	△775. 0. 0.
毛織布リザーブ	300. 0. 0.		69,105.15. 0.
超過利潤税引後		機械	96,765.16. 4.
の純利益	16,471. 9. 9.	追加	4,986.10. 0.
			102,662. 6. 4.
		中古機売却	△310. 1. 0.
		償却	△3,665. 0. 0.
			98,687. 6. 7.
		ボイラー・エンジン	22,540.11. 0.
		償却	△560. 0. 0.
			21,980.11. 0.
		(固定資産合計	189,443.11. 7.)
		損益バランス	14,969.11. 2.
			174,804. 0. 5.
		手許現金	99.18. 9.
		債権（売掛金）	16,045. 0. 5.
		戦時貸付	10,000. 0. 0.
		創立開業費	915. 0. 0.
		在庫	70,769.12.11.
	£272,634. 6.11.		£272,634. 6.11.

Newby C.S.C. 貸借対照表　1929年6月1日

（資本と負債）		（資産）	
名目資本	250,000. 0. 0.	建物，機械，ボイラー	
払込資本1株£1	200,000. 0. 0.	等償却差引	277,743. 3. 1.
差引	△30,100. 0. 0.	在庫品	10,485. 5. 3.

第 4 章 ランカシャ紡績企業の定款・営業概観(1900～1920年)及び清算人報告書

	169,900. 0. 0.	債権（売掛金）	5,572. 0. 0.
失権株差引未払込分	△3,310. 2. 4.	銀行バランス	7,995.13. 6.
資本	166,589.17. 8.	手許現金	40.10. 0.
失権株	19,501.10. 0.	繰越勘定	938.16.11.
未払配当	3.15. 0.	創立開業費	2,071. 5. 7.
税金リザーブを含む負債	8,728. 9. 7.	投資	272. 0. 0.
		純損失	142,192.19.11.

再建計画（1926）
  の負債とそれに対する利子
                252,489. 2. 0.

              £447,312.14. 3.   £447,312.14. 3.

Newby C.S.C. 自発的清算

清算人報告書

　ここでは当企業の清算がなされ，その資産が処分された方法について報告している．

　御承知のように，私は1930年 2 月21日に清算人として任命され，その唯一の目的は企業の責任者とランカシャ・コットン・コーポレーション（L.C.C.と略記）の間で作られた整理計画を実行に移すことにあった．

　時が経過するうちに資産は L.C.C. に移転され，交換に現金債権者の金額£3,363.11.4.の純減により私は購入要件への調整が，必要となり，整理計画を準備するに当たって使用された概算的数字と比較され，それはスクリップ（仮証券）に相応して増大する結果となった．整理計画に従って，当社（L.C.C.）の仮証券の割当は債権者と株主に正当に行われ，配布された夫々の細目は添えられた資料にある通りである．未請求の資本と未払い分への請求は整理計画では£1,200と評定される．現実に請求によって集められた資金は£1,262.4.3.に達し，集金のための費用を差引いた後のバランスはL.C.C.

と担保のない債権者の間で等しく分配された．

Newby C.S.C. 清算人の最終報告

（受取）		（支払）	
L.C.C.現金	1,048. 0. 6.	優先的責任者―現金	1,048. 0. 6.
5$\frac{1}{2}$％社債	67,423. 0. 0.	無担保責任者―現金	
£1普通株	64,551. 0. 0.	5$\frac{1}{2}$％社債	67,423. 0. 0.
1s.後配株	9,950. 5. 0.	£1普通株	64,551. 0. 0.
同支払請求	213. 8. 0.	1s.後配株	3,377. 9. 0.
	143,185.13. 6.		135,351. 9. 0.
		株主	
		1s.後配株	6,568. 6. 0.
株主払込請求	1,262. 4. 3.	同支払請求	213. 8. 0.
請求株への利子	15.12. 7.		6,781.14. 0.
返金された法廷費用	12. 4. 8.	バランス	
	1,290. 1. 6.	分配不能未払い株式	4.10. 0.
ウイリアムディーコン銀行利子	4. 4. 6.		
	1,294. 6. 0.	清算人報酬，法廷費用等	164.12. 0.
		未還付利子収入税	5. 2. 6.
		支払い請求金の50％	
		L.C.C.に	562. 5. 9.
		無担保貸付	562. 5. 9.
			1,294. 6. 0.
	£144,479.19. 6.		£144,479.19. 6.

〔出典 Public Record Office B.T.31.32352 X/J5342〕

5) スモールブルーク（Smallbrook Mill, Ltd.）

　1875年2月3日登記．資本金£70,000 1株£5 株式14,000．ショウ（Shaw）村落に位置し，後にロイトン村落と共にランカシャ紡績史上特異な役割を果すことになった．創立時の取締役は車大工，店員，建設請負業者，梳毛業者等で全てショウ村落の住民であった．3月13日の発足間もなく11,657株の申し出があり，まず順調に出発した．取締役の持株数で100株以上の所有者はいなかった．200株以上の株主は僅か3名であった．1885年3月20日には既に14,000株の発行が終わり，£4.0.0払い込み合計£56,000が払い込まれていた．19世紀を通じて，最大株主でも200株から500株までであり，200株以上の株主は僅か数名に過ぎなかった．1900年に新定款が生まれ1株1票の原則となり，取締役の報酬は年£40と増額された．1915年の株主名簿には現在のエドモンド・ガートサイド（Edmund Gartside）（Shiloh Mill の経営者）の父である J. Gartside が妻と共に50株の株主として登場する．更に1910年の名簿ではT.E.Gartside（息子）が1,099株の所有者になっている．何れもこの企業の取締役は他の企業と異なり，途中から大株主支配が明白になった興味ある例と言えよう．
　1919年11月11日に解散決議．
　Smallbrook の新会社は£1株式で発行株数150,000で発足した．定款には申し込み者が75％に達するまで株式割当を行わないこと，取締役の持株は最低1,000株，また応募のための手数料が支払われることが記されている．
　新会社の資本金は£150,000であった．旧会社の購入価格は£195,500と記されており，それだけ新会社は過大資本を背負って出発したのである．取締役は全資本金の11.7％を保有し，最低1,000株の保有が新定款で規定されていた．
　1920年に£0.10.0であった株式払込は1930年になっても£0.11.6支払であり未だ100％の支払いには程遠かった．購入価格£195,000と記入されているから，それとの差額数万ポンドが社外に流出したことになる．申し込みを集めるために恐らく新取締役等に手数料を払ったので，これらの差額は旧取締役の離職補償等で消えて行ったのである．この企業の取締役陣は比較的安定しており，ま

た株主は1920年に143名で1930年にも200名には達しなかった．1930年の株主名簿で分かることはShawの経営者を中心としながら，Shaw在住者が少ないことである．当社のその後についての資料は必ずしも充分ではないが，1931年3月6日に解散が決議され，その時負債£83,499.14.2.のうちウイリアム・ディーコン銀行が£40,746.2.4.，ジョサイヤ・ホイル（Josyha Hoyle）（著名な機屋？）が£6,508.14.8.を引き受けた．

Smallbrook Mill 貸借対照表　1920年1月24日

（資本と負債）		（資産）	
名目資本 1株£1	150,000. 0. 0.	土地・建物	71,445.18. 8.
払込資本 1株10s.	75,000. 0. 0.	追加分	800. 0. 0.
ローン	38,694.11. 8.		72,245.18. 8.
負債	15,743. 0. 9.	エンジン・ボイラー	17,861. 9. 8.
銀行借入	97,642.15. 7.	追加なし	—
1919年6月26日における未払い超過利潤税			17,861. 9. 8.
支払リザーブ	9,418. 8. 0.	機械	89,307. 8. 4.
		追加分	1,453.16. 6.
			90,761. 4.10.
			180,868.13. 2.
		償却	△3,000. 0. 0.
		（固定資産合計	177,868.13. 2.）
		在庫品	14,057.16. 1.
		綿糸原綿前渡金	26,360. 4. 3.
		手許現金	53. 1. 8.
		5％貸付	4,892.10. 3.
		4％貸付	33,300. 0. 0.

第4章　ランカシャ紡績企業の定款・営業概観(1900〜1920年)及び清算人報告書　129

| | 創設時貸付 | 8,000. 0. 0. |

Smallbrook Mill 最後の監査付貸借対照表　1930年2月6日

（資本と負債）		（資産）	
名目資本1株£1	150,000. 0. 0.	建物	43,995. 0. 2.
払込資本1株10s.6d.	86,250. 0. 0.	エンジン	13,644.10.10.
ローン	28,707.15. 6.	機械	86,219.16. 0.
各種負債	12,970. 7.11.	追加	1,099. 5.11.
支払手形	5,285. 1. 9.		87,319. 1.11.
銀行借入	39,472.17. 2.	(全固定資本	144,958.12. 0.)
引継ぎ勘定	1. 5. 8.	在庫品	6,934.15. 7.
		各種売掛金	5,493. 3. 8.
10,700株を所有している株主が破産し彼等の債権者達と示談が成立した.		次期繰越	41. 0. 0.
		郵便局私書箱	16. 0. 0.
		手許現金	6. 3. 8.$\frac{1}{2}$
		投資 M炭鉱	4,900. 0. 0.
		別件	65.11. 0.
		別件	10,272. 1. 0.
	£172,687. 8. 0.		£172,687. 8..$\frac{1}{2}$

Smallbrook Mill 清算人報告書　1941年5月13日

（受取）		（支払）	
売却帳簿債権	2,319. 6. 0.	賃金・国民保険	270. 8. 8.
土地・建物・機械等の売却	9,032.10.10.	綿糸	561.10. 9.

株式払込要請分資本金	13,219.16. 0.	石炭	168.17. 3.
現金化した投資	367.19. 8.	修理金	38. 4. 9.
銀行利子	51. 7. 1.	運搬車	27. 8. 5.
保険料還付相当分	141.12. 0.		796. 1. 2.
電話預託	8. 0. 9.	地方税	46. 4. 5.
所得税払戻相当分	23. 2. 0.	電話代	15. 5. 6.
その他各種	55. 0. 1.	銀行費用	23.17.10.
		所得税	15. 6. 0.
	£25,218.14. 5.	売掛金請求費用	269. 4.11.
		資産売却のための競売人	
		と評価人の費用	350. 0. 0.
		地代・保険	39. 2. 5.
		郵便代	25. 4.11.
		電気代等	30.17.10.
		通産省払戻金	18. 9. 6.
		清算人報酬として	
		現金化出来たもの	630. 9. 4.
		分配分に対し2％	438.10. 9.
		£50になった清算余剰金	30.12. 2.
		以上3件合計	1,099.12. 3.
		担保所持債権者後払い	236.14. 1.
		優先的債権者所得税	55. 0. 0.
		£83,532.8.2の請求に	
		対する7回の配当	21,927. 4.11.
			£25,218.14. 5.

〔出典 Public Record Office B.T.31/32322/159586〕

第4章 ランカシャ紡績企業の定款・営業概観(1900～1920年)及び清算人報告書

各企業の歴史と製造綿糸の細目

1) Crawford　　　ロッチデイルに位置し，1882年登記され，170,000ミュール紡機により12～50番手の横糸と30～38番手の撚糸を生産しアメリカ綿を使用．

2) Times　　　　ミドルトンに位置し，1896年に登記され，264,144ミュール紡錘を所有した大型企業．

3) Prince of Wales　1875年に登記され70,000錘を所有して1886年と1919年に拡張され，その時事務所も建設された．1933年に操業を中止した．
16～38番手の撚糸を生産し，アメリカ綿を使用した．

4) Newby　　　　Elmの別名である．1890年Elm C.S.C.として登記され，1919～1920年に拡張され76,860ミュールと2,976リングを所有した．1928年操業を中止．

5) Smallbrook　　ショウに位置し，8,436錘を所有して1875年登記された．1959年に操業を中止．1875年登記され84,360ミュール紡機により24～38番手の撚糸と24～42番手の横糸を生産しアメリカ綿を使用した．

註
(1) 筆者は企業登記所のCompany Registration Office（地下鉄ノーザンラインのオルズストリートに位置する）で400社以上の紡績企業の歴史を検討した．小稿ではこの詳しい記録が利用されている．ところで，この記録については解説もなく筆者自身も未だに理解できない点が多くある．資料のうち最も多くを占めるのは株主名簿であり，5年に1度の名義の移転が明らかになり，投機の対象となった企業では10年で何株所有者が変わったか分かる．例えばサン・ミルでは株式は当初から資本金の100％の申し込みがなく，徐々に株数が増加し，1864年に1,238名の株主が1年間で持ち株を売却した例もあった．しかし名義の移転は多くなく，1877年から80年代にかけて600株位しか名義変更が請求されていない．協同組合主義者が株主に多く含まれていたことは推定されるが，彼等が徐々に株主に加わり，その精神が生きていたのであろう．

(2) サン・ミルの歴史を次に示そう．1861年多数の協同組合主義者によって建設され，1867年に拡張された．疑いなくこの地域で建設された最大の企業であり，企業は一時不況にあい£5支払済の株式が4シリング6ペンスで売られた時もあった．遂に企業の業績は回復し，1919年その資本金は2倍に増資されて£150,000になった．1959年操業を停止した．Julian Hunt & Duncan Gurr, *The Cotton Mills of Cldham*, 1985, p.52参照．

(3) 企業登記所所蔵のサン・ミル定款から記録したものであるが，面白いのは支払い金額の redumption（買い戻し）項目が含まれていることであり，当時株主を集めるのが極めて困難であったことを物語る．

(4) 1870年代のオルダム・クロニクルは株主総会の記事を詳しく報じている．しかし，1880年代に入ると総会が紛糾しない限り，総会そのものの記事は少なくなる．1例として1877年 Oldham Clonicle の Shiloh の総会記事1877年4月22日の p.8 を参照されたい．この70年代には読者の投稿も掲載され，読者相手の個別企業を廻ってその論争があり興味深いものである．当時取締役は，多数立候補して裁決によって決められたが，それは挙手により決められ，オルダム・クロニクルでは票数まで報告された．

(5) 1873〜5年の紡績企業設立ブームに関しては筆者の Flotation Booms in the Cotton Spinnig Industry, 1870-1890: A Comparative Study, *Business History Review*, vol.61, Winter, 1987 を参照されたい．

なお当論文は和訳されて拙書『紡績業の比較経営史研究』（有斐閣，1993年）213〜44頁に収録されている．

(6) 当企業はランカシャのロイトン村に位置し，登記時の資本金は£5株式8,000株から形成されていた．付言すれば，オルダムの£5株式は普通£3.10.くらいしか払い込みは要求されず，設立趣意書には50％（£2.10.0）以上の支払いを要求することは無いと明記した企業もあった．企業の設立には時期的なタイミングが重要であった．ブーム末期の設立企業は株式の申し込みが100％に達しなかったのである．

(7) £10の株式の8,000株は発起時から1株1票であり，Fitton 家の支配が取締役の構成から推定できた．

(8) 2名の取締役（H.W.Fitton, R.Fitton）は恐らく縁続きであろう．この企業がこの時点で公開されたのかは筆者には確認し得なかった．

(9) 1895年の株主総会の特別決議により，取締役の必要持株数が50株以上を20株以上と改正している．

(10) この記録は若干理解に問題が残る．筆者の筆記は 'by not less than 7 nor more than 7 Directors' とある．最も一般的な理解は時に例外があるように，取締役数は5〜7名と解することも出来よう．とすると，1人最低1株と理解できるのであり，

第4章　ランカシャ紡績企業の定款・営業概観(1900～1920年)及び清算人報告書

まったく普通の企業に歩み寄ったと言えよう.
(11) これはまず例外のない事実であり，その改正の点も可なり似ていた.
(12) 時に株数で表示されずポンドで表現されることがある．£250と言うのは，£5 株式で50株の持ち株数を要求している.
(13) 取締役は一般に発起人の7名が登記当時取締役になるのが普通であった．しかしこの頃になると取締役が3～5企業で兼務するというランカシャ紡績企業の一般的現象が表れており，取締役を職員にしようとする企業も現れることになる.
(14) 定款にこのような職員についての決定が見られるのも19世紀末の一般現象であり，企業によっては専務（実際としては社長）の設置を定める企業も出現する．付言すれば専務とは managing director を和訳したものである．筆者の理解によれば，創業ブームの時に必ず決定された役職は Chairman であったが，これは取締役会の主催者を意味したのであり，「民主的」協同組合思想に反映したものである.
(15) すべての企業にこの規定が存在したというより，企業の株主構成によっていろいろ差があり，遂に定款の改定をしない企業もあった．このような点に企業の経営パターンが表現されるのである.
(16) 60年による得票数も「オルダム・クロニクル」の株主総会記事に詳しく記載された．付言すれば，普通秘密投票は一定の株主の提案があれば可能であるが，その株主総会記事を読む限り極めて稀なことであり，株主の内部で対立があった――例えば工場の増設が典型的な事例であるが――ような時に限られたものであった.
(17) 既述 Cavendish C.S.C. はアシュトンに位置しており，1884年に登記され，大株主がおらず経営者の交替の激しい企業という特色があった．定款20条は取締役の持株数を20株と規定していた．取締役は50株から最高200株を所有した.

なお1894年の記録によれば，株式は2,914株のA株と2,086株発行のB株の2種類があった．これは恐らく増資した直後だと思われる．何故かと言えば発足当時の株式は1894年に£2.10.10というオルダムでは標準的な払い込み額であったのに対し，2,086株発行のB株券は£0.12.6の支払いを記録している．しかしながら，その株式が普通株であったが優先株であったかは明らかではない.
(18) この時期の定款を見ると，1873年からの創業ブーム以前の1869年に記されたセントラル・ミルは，1906年に新定款が通過したが，投票権は1票のみであり，(20条) 秘密投票が規定に達した時に限り1株1票と改められた．そして「再度支払い請求をされた場合は払い込むことが出来るという条件で払い込まれた株式は1部を株主に返却できる」(1906年総会決議) と定められたのである。
(19) 1884年に登記されたパーマー (Parmer C.S.C.) では既に登記した設立趣意書に1株1票と明記されていた．付言すれば，取締役は普通7名であったが，出発当時7名が決定せず，往々後から参加する場合があった．当企業は資本金£100,000と比

較的大型資本であり，取締役は発足時すべて100株を登記していた．それでもその持ち株比率は1％にも達していない．
(20) 一般的に言って紡績会社取締役は極めて低額であった．19世紀末にこの報酬の引上げが多くの企業で見られた．2例だけをあげよう．前註で対象としたパーマーはやや遅れて，1913年2月26日新定款により取締役の年報酬は全額で£525（84条）と改定された．1人当たり，£70以上であるから一挙に増額されたのである．1890年登記されたパール・ミルは発足時から持株数最低20株という制限があったが，取締役の報酬は各自£50から出発していた．
(21) 1873～5年の創業ブーム時の取締役報酬は極めて低額で，ボールトン・ユニオン（Bolton Union C.S.C）社は1900年の定款34条で，取締役の報酬は株主総会で決定すると決議している．これは業績によりそのつど決定されたのかもしれない．
(22) 多くの企業が7名と規定しているがBolton Union C.S.C.のように，その数を5名から7名と規定して，弾力性を持ち得るように定められた企業も少なくない．

第 5 章　ランカシャ紡績企業10社の清算人報告書

序

　本章で対象とされるのは，紡績企業の破産に続いて行われる清算人報告書であり，資料の提示を目的とする．拙著『東西繊維経営史』(同文舘出版，1998年) の第7〜11章に収録した数社を除いて，小稿では未だ印刷に付していない10社を収録した．ここで一言付言しておきたいことは，清算人報告書の前にそれを予告する「最後の監査付報告書」(Last Audited Report) が報告されるのが慣行となっていたので，小稿でもそれを含めて公刊したい．この清算人報告書については若干の解説を付けて既述書に記載されているので，ここではその解説を繰り返して屋上屋を架することはしない．

　1920年から翌年について行われた資産再評価 (reorganization) について再組織と表現する研究者もいるのだが，ここでは内容に即した表現をとる．この時期原料高の結果，資産額が3年程の間に50％以上高騰したため，通常の紡績経営者は生産を続けることが困難になり，資本金を2〜3倍にして，外部から資本の注入を意図したのであった．しかしその後物価が下落し，大戦後のランカシャ綿業の競争力低下も加わって，長期にわたる紡績不況の幕明けとなった．これに対し紡績経営者がどのような見解を持っていたかを，小稿では業界新聞に掲載された数人の意見を収録したかったのであるが紙幅の関係で別の機会に譲らねばならない．

　以下，各企業の破産に至るプロセスとその結果について具体的な事例を見ることになる．

1) ウッドストック (Woodstock Cotton Spinning Company)

　当社はオルダム紡績企業設立ブーム直前の1872年に計画発起された初期創立企業の一例としてその歩みを見ることが出来るであろう．資本金，£25,000,1株£5で発行株数5,000で構成されていた．取締役には100〜200株を保有した綿商人等が見られるが，大勢としては，サン・ミル企業に類似した当時の企業

第5章　ランカシャ紡績企業10社の清算人報告書　　　137

特徴を指摘することが出来る．株主は発足当時，348名を数え，1873年12月27日には倍額増資で資本金£50,000となった．

　新会社となった時，当企業の新資本金は£300,000と評価された．以前の資本金の5倍以上であったから，その重荷は明らかであろう．取締役はショウやロイトンの工場管理者が中心であり，取締役全員で12.1％を保有していた．ここでも取締役への株式集中が進行していた．また新定款によれば，取締役報酬が年£1,050であり，株式の集中が持株数に反映しているようでもある．しかし，彼等は決してフルタイムの職業ではなく，この点は全く以前の状態を踏襲していた．断片的資料によれば，旧株主からの株式（買取価格？）£115,000，工場購入価格£112,500と記録されている．取締役が中心となって，株主から委任状を取り付け，現金と交換したのであろうか．この両者を含ませて（数字が一致しないのが説明不能だが），資本金£300,000が新会社を構成し，残り数万ポンドが解散に当っての雑費や取締役への功労金として支払われたのである．

　再出発の後，1923年11月7日には全ての資金をミドランド銀行に負っていた．当時，社債保有者と担保所持債権者に£9,208の負債があった．これに対して，担保無債権者は£38,606に達していた．負債£100,000のうち，ミドランド銀行のそれは£63,826で約3分の2を占めていた．

Woodstock C.S.C. 清算人報告書
1932年3月3日〜1938年2月25日

（受取）		（支払）	
1932年3月3日の手許現金	38.2.5.	資金・国民保険	220.15.7.
銀行預金	2,649.5.10.	法的費用	82.2.9.
株式払込請求分	4,902.4.11.	所得税	50.5.0.
集金した債権	209.16.9.	石炭	42.4.0.
集金した在庫品	328.9.1.	地代	31.18.6.
売却済建物機械	6,500.0.0.	切手・文具品・電話代	27.7.8.

連合の火災保険等	206.3.5.	企業清算勘定からの引出	24.1.6.
イギリス		検査委員会への費用引出	11.11.0.
綿花栽培協会資本金未払分	67.0.0.	ガス・水道・地方税	6.0.10.
株式売却	17.14.3.	担保付貸付	6,500.0.0.
配当	251.5.0.	無担保債権者への配当	7,204.12.11.
工場維持費	30.0.0.	委員会による	
保険金返還分	23.15.6.	清算人への報酬	1,042.2.0.
地方税返還分	10.0.8.		
未払込株式請求への利子	8.14.8.		
銀行利子	1.9.		
移転費用	7.6.		
	£15,243.1.9.		£15,243.1.9.

〔出典 Public Record Office B.T.31 32384/164134XJ/7876〕

2) オルム・リング (Orme Ring Mill)

　当社は1908年1月23日資本金£100,000として登記された．リング62,000錘を擁する紡績企業であり，タイミングとしては20世紀初頭の紡績企業設立の第2次ブーム期の終わった頃であった．取締役7名は2,000株のサウスポートの住民か，300株所有が多く，工場管理人，落綿業者，皮商人，工場管理者でいずれもオルダム住民であった．定款には普通のように「必要な時，再度支払いを請求できるという条件」で資本の返還（減資）を許可していた．これも特にオルダムで珍しいことではない．

　1908年5月6日の資料によれば，綿花仲買人など数名が2～3,000株を大口投資家として保有していた．この時，株主僅か25名であったが，Orme Mill を Orme Ring Mill と改名したのは同年5月19日であった．

　1909年12月23日社債を£40,000発行した．1916年になって割当が全て完了して，2万錘まで増加することが出来た．この事実は当時の業界の状況がかつて，

第5章　ランカシャ紡績企業10社の清算人報告書

1870年初頭のブーム時と比べ，かなり冷えたものであったのではないかと思わせるのである．

1919年12月17日倍額増資の計画があった．しかし1920年6月9日解散決議．£550,000で売却したという記録がある．1株£24.1.3.で買い取って，この際に中心的役割を果たしたのは1918年に105株を所有したウィザム（Whitham）と370株を所有したバーズレー（Bardsley）の2名の取締役であった．企業は1920年6月9日解散し，翌日1株£24.1.3.と評価された．解散後まもなくそのうちの一部の£80,000が現金で株主に支払われた．この時解散を取りまとめたのは2名の取締役であり，両者が19,579株，つまり，4名の株主の421株以外の全てを買収に応じさせた．

この Orme Ring Mill が1920年に新会社として再発足した時，資本金は実に100万ポンドと称された．以前のそれと比べると倍以上であった．7名の取締役は12,000株を申し入れた皮商人が最高であり，いずれもオルダムの工場管理者や株式仲買人，皮商人等投機を好む人々の顔ぶれが見出せた．資料は「オルム・リング工場に支払われることになっている60万ポンドの現金は1919年12月31日から無税で6％の利子と共に（新株主に支払われる）」と語っている．更に「発起人によって購入されたこの企業は株式に応じて購入資金が係わっているのであり，記述に従えば85％以上の株式を6名が購入したのであった．取締役の条件は5,000株所有，報酬は各自年£150と多額であった．1920年6月14日の最初の報告書によれば工場評価£342,000，登記費用とスタンプ代金で£2,632であった．

Orme Ring Mill貸借対照表　1927年1月1日

（資本と負債）		（資産）	
500,000株1株12s.6d.払込	312,500. 0. 0.	機械	203,908. 7. 4.
差引払込	△5,556.17.11.	建物	56,162.18.11.
	306,943. 2. 1.	エンジン	262,635. 5. 4.
株主資本金未払分返還	13,717.10. 0.	小屋	3,917. 9. 2.
未払利息	486. 7. 4.	（固定資産合計	526,624. 1. 0.）

ローン	75,877.4.3.	在庫品	23,460.19.0.
銀行借入	140,426.16.9.	債権（売掛金）	6,480.17.4.
その他	42,027.17.8.	リ・オーガニゼイション費用	2,632.0.0.
		手許現金	24.11.7½
		純損失	20,256.9.1½
	£579,478.18.1.		£579,478.18.1.

1928年2月24日

（資本と負債）		（資産）	
名目資本	343,750.0.0.	固定資産	
払込資本1株13s.9d.	13,101.10.7.	機械（減価償却）	257,503.5.7.
	330,648.9.5.	建物	202,976.7.4.
法廷による清算以降の利子	75,353.15.2.	エンジン・ボイラー	52,894.18.11.
銀行借入	131,776.1.1.	小屋	3,917.9.2.
当社借入・		在庫品	24,175.6.11.
未払込株・税金	37,903.8.6.	債権（売掛金）	6,690.1.9.
当社全未収配当金の抵当とする借入		再組織費用	2,632.0.0.
	11,980.19.6.	手許現金	6.3.11.
1927年5月30日からの付随的負債		取引保険勘定	7,159.11.8.
	681.13.8.	再建計画	606.5.10½
		損益勘定	29,782.16.4½
	£588,344.7.6.		£588,344.7.6.

Orme Ring Mill 清算人報告

（受取）		（支払）	
ランカシャ・コットン・コーポレイション(L.C.C.)		優先的債権者の分—現金	10,708.17.2.

第5章 ランカシャ紡績企業10社の清算人報告書

現金	10,708.17.2.	担保所持債権者—現金	
5½％社債	64,227.0.0.	5½％社債	64,227.0.0.
£1 6％優先株	32,113.0.0.	£1 6％優先株	32,113.0.0.
£1 普通株	46,269.0.0.	£1 普通株	317.0.0.
1s.後配株	8,807.11.0.	1s.後配株	17.16.0.
未収コール	21,148.0.0.		96,674.16.0.
	183,273.8.2.	無担保なし債権者9分	
多種株主の資本金返還未払分		£1 普通株	45,952.0.0.
	83,224.16.9.	1s.後配株	2,416.0.0.
期限切れコールに対する利子	130.19.11.		48,368.0.0.
剰余となった法定費用の未収分		株主	
	106.14.10.	1s.後配株	6,368.9.0.
	83,462.11.6.	支払請求	21,148.0.0.
ディストリクト			27,516.9.0.
銀行利子の未収分	103.9.1.	バランス	
	83,556.0.7.	後配株—分配不能	5.6.0.
			183,273.8.2.
		清算人報酬・法廷費用	3,598.12.9.
		コール集金費用等	68.17.5.
		L.C.C.に	
		支払請求の50％を	39,949.5.2.
		その他同担保付貸付	39,949.5.3.
			83,556.0.7.
	£266,839.8.9.		£266,839.8.9.

分配不能なものは売却され清算勘定に入れられた.

その他受取の細目の一部が保存されているので掲載しよう.

受取	
1927年1月28日までに	
工場で受取られた現金	63.12.7$\frac{1}{2}$
発生した帳簿上債権	6,541.2.9.
支払請求のあった未収利息と請求がない	
が，発生した未収利息	739.0.10.
支払い請求以前の前払い	254.7.0.
売却された綿糸売上げ	94,616.19.1.
スクラップ売却	28.10.0.
落綿売却	1,523.14.0.
小屋・地代	63.12.2.
運賃	2.17.6.
対労働者の保障法賃金の前払分	
	72.4.0.
未収銀行利子	142.17.4.
	£104,048.17.3.$\frac{1}{2}$

〔出典 Public Record Office B.T.31 35242/166077 X/J5884〕

3）ネイピア（Napier Mill, Ltd. 前身は Cambridge Mill）

　1875年に登記されたCambridge Millは，資本金£25,000で僅か26,944錘のスピンドルしか所有しない小形企業であったが，業績が振るわず，1900年にはランカシャの紡績企業には例外的な100％の支払済みとなっており，まさに業績不振を物語るものであった．1907年7月30日には清算人の指名という事態を迎えていた．しかし稀なことに，同年5月15日に全く別のNapir Millという名での登録が行われていた．資本金は£20,000で発行株数4,000株の相変わらず小形企業であった．このように別名で再発足したことにどのような意図があったかは

第5章　ランカシャ紡績企業10社の清算人報告書

明らかではないが，新会社は最少申し込み株数50株（第7条），名義移転株数50株（21条），取締役数2～3名（86条）という正に，小額株主を排除して経営を再建しようという狙いがあった．もっともこの企業は1919～20年の資産再評価も行わなかった幸運な企業であった．しかし他の企業と同様に1930年代に入る頃には解散することになったのである．20世紀に入ってからの企業であるため，紡機が比較的老朽化するのが遅かった．設立時の取締役は商人，工場監督者，弁護士等全てオルダムの住民で400～500株を所有している．同年株主総会では役員はローンとして取り入れた資金£16,250，株式払い込みで受け取った金額£3,750と報告している．しかし1908年7月2日になっても株主は僅か15名であり，これは第2次紡績企業設立ブーム（1904～07年）の末期に生誕する紡績企業の特色であった．なおこのような特色は1870年代の第1次ブーム時にも常に見られたものだった．

当企業が1920年代を生存出来たのは既述の通りであるが，1929年でも株主数18名というのは非公開会社を連想させるものである．1929年の記録では株式は£3.10.0.の払込であり，当時取締役は設立当時と同様300～500株を所有していた．

1931年1月23日当企業に清算人が任命され，最後はL.C.C.に売却された．その時点の負債総額£67,710.2.3.のうちミドランド銀行の負債が£21,848.15.10.と£2,301.2.9.との2件が最大であり，その他エクイタブル（Equitable）協同組合の£3,300.0.9.，取締役の親縁トム・バトクリフ（Tom Batcliff）からの£3,993.5.11，織布企業バッグレッグ&テーラー（Buckleg & Taylor, Ltd.）からの£1,193.17.11.があった．

Napier Millの自発的解散
清算人報告

（受取）		（支払）	
株式未払込み金	1,999. 4. 2.	清算人報酬	115. 1. 2.
遅延未収利息	10.11. 6.	利子に対する収入税	7.13. 9.
法廷費用の返還	11. 2. 0.	現金—担保なし債権者の分	958.10. 3.

ミドランド銀行未払利子	18.17.9.	現金―優先的債権者の分	351. 2.10.
L.C.C.から	351. 2.10.	優先的債権者	
5.5%利子社債	19,434. 0. 0.	5.5%社債	19,434. 0. 0.
£1普通株	18,601. 0. 0.	普通株	18,601. 0. 0.
£1後配株	2,929. 4. 0.	後配株	984.14. 0.
同未払金	858. 1. 0.	株主	
		後配株所有者	1,943. 0. 0.
		支払い請求への支払い	858. 1. 0.
		分配されない後配株	1.10. 0.
	£44,213. 3. 3.		£44,213. 3. 3.

〔出典 Public Record Office B.T.31.31968X/J5997〕

4) アイウェルバンク (Iwell bank C.S.C.)

　1892年登記され，£10の株式12,000株の当企業は£10株より構成されており，資本金は£120,000と多額であった．その理由の1つは初めから工場増設を意図して設立されたということである．取締役の資格は£10株を100株所有するということを明記していたが，最初2名は僅か1株しか記録されていないのは，近いうちに必要株を所有するという約束で取締役に加わったものであろう．オルダムの紡績企業には特にこのようなケースが見られる．取締役にはジェントルマン（利子生活者）が2名見出された．

　この企業は最初，株主数は僅か20名であった．発足はしたものの1894年9月21日の記録では，全株数4,780株で未だ資本金の£120,000には遙かに不足していた．そのためであろうか，1894年9月21日に£20,000の増資に踏み切った．それは£10株の優先株2,000を発行し，これに10%の利子を払うことになった．これで利子だけで年£2,000株が必要となり，資金は増加したとしても経営は圧迫されることになったであろう．1897年の記録によれば，£10で100%払込株を6,883株，£5払込株を800株，£4払込株を6,000株，£6.10.0払込株を

2,000株であった．申し込みのあった株から先に支払いが進むので，このような現象が生まれるのである．全部で株数は15,000株程度で8,000株の増資分を加えると未だ100％にはならなかったが，払い込みは進んでいたのであろう．20世紀に入ると創業ブームの追い風を受けたのか，株式の細分化も進み，1902年には株主も130名に増えていた．

1907年7月10日には更に増資に進み，£10株式，5,000株を発行して，名目資本は£250,000となり，ランカシャでも屈指の大資本紡績企業となった．1907年にはマンチェスターの ウイリアム・ディーコン銀行が1,053株を所有する株主であるところから，資本的には関係が深かったことが分かる．

1915年1月29日に取締役の報酬が全額で£300から一気に£800に増加されているのは大戦期の好景気の反映であろう．

1919年，解散時の状況を見ると，16,787株は£10で100％払い込みを終えており，これが6,787株，次に£8の支払い株式が9,417株と，£5支払い株が800株であった．また6,950株の優先株は£4の支払い，それに£2.10.0.支払いのものが2,000株あり，また£6しか払っていないもの，50株が残っていた．資本金の構成がこれほど複雑なケースを筆者は他に見たことがない．面白いことに当社は株主構成も複雑であった．普通株の所有者だけで約400名，それに優先株の所有者が約220名存在した．

1919年2月11日，取締役の年報酬が先の£800からさらに£2,000に上げられたのは依然として好景気を反映したものであったが，実は紡績不況が眼前に迫りつつあったのである．

1920年1月3日，解散決議．

1919年10月15日に当企業が新企業として登記された時，前の規模でさえ大きかった資本金が実に£1,000,000に再評価された．これは5倍位の評価で1920年以後直ちに無配に転落しなければならなかったのも無理はなかった．

取締役は全株式の2.4％を所有したにすぎず，それ程の大株主はいなかった．ただショウの紡績業者として名を知られたウィリアム・ホップウッド（William Hopwood）が18,300株を所有していたが，彼も状況を知るや2年後の1922年に

は株式を売却して，リタイアしてしまった．この企業の解散時の購入価格は £1,217,224という記録がある．取締役の報酬を高くして更に株価を吊り上げ，旧取締役は莫大な功労金を手にしてうまく事態を切り抜けたのだが，新株を購入した者は経験のない一般人であった．

当社は1931年4月11日には事業の継続が不可能になり，1933年には整理計画（schedule of arrangement）が作成された．それ以降の事態に関しては残された資料はない．

自発的解散 Iwellbank C.S.C. の清算人報告書
1934年5月4日～1937年2月2日

（受取）		（支払）	
1934年5月7日銀行預金	5,432.1.5.	法廷費用・債権回収費	216.10.5.
支払請求	10,713.18.4.	清算人報酬	844.3.2.
各種費用残金	3.2.1.	清算関連費	200.0.0.
債権集金	18.10.0.	銀行・手形帳費用	4.0.
投資	9.0.0.	清算人配当	3.0.6.
銀行利子	6.0.0.	配当勘定	60.18.9.
配当受取	2.5.9.	清算会社株主への支払	14,850.0.0.
		その他勘定	1.15.0.
	£16,176.12.7.		£16,176.12.7.

5）チータム（Cheethams, Ltd.）

ショウ村に所在した当企業が何時創業したのかは不明であるが，いずれにせよ1919～1920年の資産再評価ブーム時に初めて株式会社として登記されたものであった．株式は公開されず，一族の掌中に収めたままで，経営の実権も同じ家族によって握られていた．

1919年10月10日に株式会社として登記され，その時資本金は£120,000であったから決して過大な資本化であったとは言えない．3名の取締役の持株数も合計1万株以下であった．取締役は株主であり13万ポンドで買い取ったが，それは「純粋に商業上の取引」であると記されている．その方法は一族の所有者から130,000株のうち60％の80,000株を集めて£1株を50％支払済（£0.10.0.）のものとして取得し，株式購入に割り当てたものであった．この際予備的出費として£1,000が使用された．

1920年2月17日，さらにショウ村の綿糸販売人が取締役に加わったが，彼は1919年から1920年初頭にかけて，2度に亘って，34,400株を191名の株主から買い付けたのである．その株主とは39名がオルダム住人，7名がロイトン住民，63名はその他村落の住民であり，残りはこの企業があるショウ村落の住民であった．

当企業は1932年3月3日に解散を決議したが，その時の負債は£131,168.6.0.で，この中ではミドランド銀行からの負債が断然多くて£56,007.18.5.であり，他にウッド（W.H.Wood）なる個人からの借入が£9,194.2.4.あった．

Cheethams 貸借対照表　1920年1月21日

（資本と負債）		（資産）	
£1株10s.0d.払い込み	40,000.0.0.	土地・建物	34,090.13.3.
ローン・利子	91,941.6.4.	償却	△900.0.0.
債務（買掛金）	23,706.9.4.		36,190.13.3.
本年前半期利益	4,000.0.0.	エンジン・ボイラー	28,844.14.9.
配当繰越	10,345.11.3.	償却	△1,350.0.0.
			27,494.14.9.
		機械	65,939.4.10.
		償却	△3,750.0.0.
		（固定資産合計	62,189.4.10.）
		創立費	350.0.0.

債権（売掛金）	24,434. 2. 9.		
投資	32. 0. 0.		
同	140. 0. 0.		
在庫品	13,128.18. 3.		
London City Bank	1,977. 4. 2.		
手許現金	53. 8.11.		
£165,993. 6.11.		£165,993. 6.11.	

Cheethams 貸借対照表 1931年4月19日

（資本と負債）		（資産）	
名目資本	130,000. 0. 0.	建物・エンジン等	117,156.16. 7.
株式資本1株20s払込済	76,450. 0. 0.	電気施設	374. 6. 0.
未払失権株差引	△13,451. 6. 8.	債権（売掛金）	681.19. 5.
	62,998.13. 4.	投資	161.17. 0.
失権株	1,873. 0. 6.	手許現金	86. 2. 4.
銀行の繰越勘定	49,469.10. 1.	銀行預金	7,983. 6. 0.
ローン（固定借）	58,571.15. 3.	1931年3月28日	57,268. 6. 4.
再建計画による債務	10,975. 5.11.	までの損失	1,953. 4. 2.
その他の債務	1,777.12. 9.		59,221.10. 6.
	£185,665.17.10.		£185,665.17.10.

Cheethams 清算人報告書

（受取）		（支払）	
手許現金	43. 4.11.	資金・保険	300. 7. 8.

第5章　ランカシャ紡績企業10社の清算人報告書

銀行預金	1,263. 3. 5.		法的支出	94. 8. 4.
未払込み株式の分	4,932. 1. 8.		街路改良	69.15. 2.
債権	67.16. 0.		石炭	61.10. 8.
在庫品	206.16.11.		スタンプ他	45. 8. 3.
ビル・機械売却	4,795. 8. 6.		競売人費用	20. 0. 2.
火災保険会社出資金返済	255.19. 7.		ガス・水道	21. 9. 3.
資本金返還未払分	42. 0. 0.		保険	12. 5. 5.
配当	11. 2. 0.		収入税	11. 7. 9.
株式売却	144. 7. 6.		監査委員会出費	10.10. 6.
地代	12.12. 6.		清算勘定	10. 1. 0.
未払込み株への利子	17. 5. 0.		運送費	6.19. 7.
移転資金	7. 6.		地代	3. 2. 7.
			無担保貸付への配当	10,297.14. 0.
			清算人報酬	827. 5. 8.
	£11,792. 5. 6.			£11,792. 5. 6.

〔出典 Public Record Office B.T.31.32321/159501 X/J5660〕

6) ホワイトランド・ツイスト (Whitland Twist C.S.C.)

　　Ashton Under Lyne所在で1874年6月29日に登記され，資本金£80,000,16,000株の当企業は暫時大株主が形成された企業として特色づけることが出来る．また未払い込み株式の割合が高い企業であった．定款は省略するとして，創立当初から，1,000株以上を所有する取締役が3名も記録されているのは異色であり，この点オルダム的企業とは全く経営風土を異にしたと言えるであろう．取締役の職業は技師を別にすれば綿糸紡績と記録されている．当初株主は179名であったが，応募したのは僅か8,000株で50％に過ぎなかったのは，このブーム期の最中であったことを考慮しても大家族企業の支配したAshton-Under-Lyneではかえって一般大衆の投資には向いていなかったのかも知れな

い．1879年に申し込みはようやく9,510株に達したが状況が依然極めて厳しかったことが，払い込み£1に対し，未払い込みが£4存在したことでも示される．5年後の1884年になると株式は早くも£4.5.0.払い込み済みとなっており，それらの株数は9,510株であるのに対し，まだ6,490株は£2.10.0.の支払い済みのままで，初期の状況の悪さをここに反映している．支払い請求に対して，£2,169.10.0.が応じていない．

　この資本不足に対応して，1884年特別決議の結果，当時の株主に対して4,000株の追加株式を割り当てることが決められたが，しかしこれに応じられなかった場合には「取締役は企業に最も良いと考えられる方法で，それを処分することが出来る」という項目が追加されたのであった．1885年になると，払い込みは£4.5.0.に達しており（9,510株）そのうち£1.15.0.をキャンセルして返却し，£2.10.0.とすることになった．配当は払込資本に対して支払われたから，これは配当を高める政策である．優良企業によく見られた払込資本の一部返却＝減資に相当するものと言ってよいであろう．

　1901年の取締役は3,743株所有の紡績業者を始めとして，いずれも300〜600株の所有者であった．紡績業者の他には弁護士，造船業者などの顔ぶれであった．1908年には創業以来1,000株以上を保有した J.フレッチャー（J.Flecher）が死亡し，その株は恐らく息子のA.フレッチャー（Albert Flecher）に引き継がれた．

　1910年に定款が改定され，今まで大株主の権限を制限した投票権は1株1票と改められた．1919年3月20日，解散が決議された．

Whitland Twist C.S.C. 貸借対照表　1918年12月31日

（資本と負債）		（資産）	
20,000株1株2.10s.0d.		建物	60,920. 1. 2.
払込	50,000. 0. 0.	差引償却　年 $2\frac{1}{2}$ 償却 △337. 6.11.	
ローン—1918年6月30日	28,166. 9. 9.	償却済	△33,932. 5. 0.

第5章　ランカシャ紡績企業10社の清算人報告書

新規受入れ	9,946.14. 7.			△34,269.11.11.
未払利子	616.15. 2.			26,650. 9. 3.
	38,729.18. 9.	ボイラー，エンジン		35,074. 9. 9.
ローン返済	1,757.19. 0.	差引償却年5％		△326.14. 1.
	36,971.19. 9.	償却済		△22,006. 4. 9.
債権者余剰所得税リザーブ等	55,069.18. 1.	以前償却		△22,332.19.10.
留保利益	24,500. 0. 0.			12,741.10.11.
偶発リザーブ	3,000. 0. 0.	機械		105,859. 6. 7.
針布	800. 0. 0.	差引償却年7$\frac{1}{2}$％		△724.19. 5.
トロッコ	300. 0. 0.	以前償却済		△86,526.16. 1.
未払配当	2.16. 3.			△87,251.15. 6.
バランス	10,661. 2. 0.			18,607.11. 1.
		債権（売掛金）		22,489.14. 2.
		前払保険料・地方税		529. 1.11.
		戦時・ローン・国債		7,250. 0. 0.
		在庫1918年12月31日		88115. 9. 7.
		銀行預金・手許現金		4,921.19. 2.
	£181,305.16. 1.			£181,305.16. 1.

Whiteland Twist C.S.C. 貸借対照表　1920年6月24日

（資本と負債）　　　　　　　　　　　　（資産）

名目資本	450,000. 0. 0.	建物	67,698.13. 9.
応募資本	347,493. 0. 0.	エンジン・ボイラー等	43,799. 2. 6.
1株10s払込	137,746.10. 0.	工場機械	272,395. 6.10.
ローン	53,067. 1. 2.	債権（売掛金）	40,729. 8. 9.
取引上債務（買掛金）	10,968. 5. 7.	次期繰越保険料	327. 1. 5.

未払配当	72.10.0.	在庫品	56,900.8.3.
地代・税金	3,194.16.5.	投資，戦時ローン，国債	17,250.0.0.
超過所得税リザーブ	57,219.2.0.	未収配当（銀行）	72.10.0.
銀行借入	188,383.14.10.	手許現金	297.12.3.
損益勘定	12,818.3.9.		
	£499,470.3.9.		£499,470.3.9.

Whiteland Twist C.S.C. 清算人の最終報告

（受取）		（支払）	
ランカシャ・コットンコーポレイション		優先的債権者に―現金	3,223.3.3.
現金	3,223.3.3.	5½％社債	67,547.0.0.
社債	67,547.0.0.	額面£1 6％優先株	33,773.0.0.
優先株	33,773.0.0.	£1普通株	48,052.0.0.
普通株	48,052.0.0.	£1後配株	2,402.17.0.
後配株	15,914.1.0.		151,774.17.0.
上記株式払込み請求	13,414.15.0.	無担保貸付	
	181,923.19.3.	1s.後配株	6,771.17.0.
株主への払込み請求	60,179.9.2.	株主	
未払込み株への利子	118.3.4.	1s.後配株	6,737.19.0.
法廷費用（回収分）	102.0.4.	同支払請求	13,414.15.0.
	60,399.12.10.		20,152.14.0.
ディストリクト		バランス	
銀行から差引費用	57.17.0.	後配株―分配不能分	1.8.0.
	60,457.9.10.		£181,923.19.3.
		法廷費用，清算人報酬等	3,216.2.3.
		利子に対する所得税	48.18.6.

	払込み請求の
	50％をL.C.C.に　　28,596. 2. 3.
	£60,457. 9.10.
£242,381. 9. 1.	£242,381. 9. 1.

　　　　　　　　　　分割不能分は清算人勘定に振り込まれた．

〔出典　Public Record Office B.T.31.32412 X/J7855〕

7）トレント（Trent Mill, Ltd.）

　1907年6月26日登記．資本金£80,000．額面は1株£5，発行株数16,000株の当企業は紡績工場が集中したショウにあり，第2次ブーム期が頂点に達した頃に登記された．定款は特に他企業とは変わっておらず，取締役の持株必要条件は£1,500つまり300株であり（78条），従って彼等は300株を所有しており，会計士，弁護士等の職業を兼ねていた．7名中3名はショウ村に在住していた．当初5名しかきまっていなかった取締役も，2年以内に決定された．1917年4月10日の記録では，取締役の持株は300～370株であり，持株を買い増した者が5名いた．この年に株主数は180名に増加しており，そのうちショウ村在住者が19名存在した．3名の取締役が計1,867株，つまり11％程度を所有したので，持株は若干集中していた．同社は1520年2月27日に£312,000株で売却されたのである．

　1920年1月14日に，資産再評価の後に新会社として登記された時の新資本金は，£400,000であり，実に5倍に資本金を過大に評価した．取締役7名のうち4名は当企業の存在したショウ村に在住する者であり，5,500株を所有していた．定款は新発足の株式申込み数最低50,000株の申込みがあったことを再発足の条件と規定していた（第7条）．申込み最低株数100株（32条），取締役の資格株数£3,000.0.0つまり600株，年報酬各自£200.0.0（92条）を規定していた．企業購入価格は£343,000と記録されている．「支払い考慮点」として「金銭が直接支払われたことはない．前記ウィリアム・ホップウット（William

Hopwood）とジェレミア・ホリー（Jeremia Hoyle）が購入企業での15,500株の所有者であり，彼等は1株￡19.10.10.で株式を買い取った．」と記録されている．1920年2月14日には未定の3名の取締役も5,500株を購入して参加した．取締役数3～10名（78条）は大株主を集めるための方便だったのだろうか．

　企業は1920年6月9日に抵当権を設定して￡40,000の資金を得た．貸し手はサウスポート等村外の2名であった．1921年9月24日の記録には実に1,530名の株主が存在したが，翌年4月6日の記録では，株主409名が早くも持株を売却していた．発足の年￡150,000が旧株の購入に支払われたとする記録がある．

　当社は1920年2月27日￡312,000で旧株主に売却されたと記録されている．その当時の取締役は300株程度を所有しており，これが大株主の全てであった．

　その後は当企業の歩みは取締役程度しか記録されていない．1924年10月3日の記録は新発足時の7名のうち3名は依然として取締役に留まっていた．1933年にも1人だけ発足時の取締役が留まっているという例外的ケースも見られた．

　当社が最終的に解散したのは1936年6月24日であった．その時株主に1株当たり僅か5ペンスの配当をしたと記録されている．

Trent Mill 貸借対照表　1933年12月20日

（資本と負債）		（資産）	
資本金	400,000. 0. 0.	建物・エンジン・機械	495,290. 6. 6.
支払請求	380,270. 0. 0.	創立開業費	2,893. 8. 0.
差引未払込み金	80,505. 3. 11.		498,183.14. 6.
	299,764.16. 1.	資本収入勘定	87,500. 0. 0.
失権株（現在未決定）	11,021. 9. 11.		△1,244.11. 9.
建物・機械の抵当権	25,000. 0. 0.		
債権（1932年12月21日法廷決定に			86,255. 8. 3.
より認められた整理計画）	94,027.17. 0.	（固定資産合計	411,928. 6. 3.）
債権者・清算人報酬等	3,479. 1. 4.	在庫品	265. 0. 0.

第 5 章　ランカシャ紡績企業10社の清算人報告書　　　155

負債合計	433,293. 4. 4.	(売掛金)	96. 9. 5.
引継勘定	58,793.14. 8.	William Dracon's Bank	
		管財人勘定	5,433. 4. 9.
		会社名預金	13,536. 5. 6.
		手許現金	14. 6. 1.
			18,983.15.10.
		資産合計	431,273.11. 6.
		損益勘定	60,813. 4. 6.
	£492,086.19. 0.		£492,086.19. 0.

1931年6月26日公文書館

ランカシャ法廷Trent Mill（1920）の問題に関し

1929年会社法に基づく清算人報告受取と支払

1930年3月12日～1931年3月11日

(受取)		(支払)	
銀行預金	20,149. 3.11.	法廷支払等	526.13. 9.
手許現金	136.16. 1.	申請費等	252. 7. 4.
株式投資等	21.10. 6.	弁護士清算人費用	55. 0. 0.
銀行利子	344. 7. 1.	公的臨時的清算人費用（2％）	784.17.11.
保険リベート	6. 8. 3.	清算人報酬等	
帳簿上債権	7,039. 0.10.	価値・競売人	
手形		速記等	37.16. 6.
証券の譲与		保存費用	6.15. 0.
取引帳からの受取	99,499.17. 3.	誌上地方誌発表費用	3. 1. 6.
解散時の株式払込み請求	507.17. 7.	付随的支出	33.12. 4.
	127,705. 1. 6.		1,700. 4. 4.

差引債権者への支払	86,259. 8. 4.	優先債権者―現金	1,707.16. 4.
		非優先債権者―現金	16,727. 1. 3.
			18,434.17. 7.
			21,310.11. 3.
	£41,445.13. 2.		£41,445.13. 2.

1931年3月12日～1931年9月11日

(受取)		(支払)	
バランス	21,310.11. 3.	通商省と法廷	72.14. 1.
原料	571.10. 5.	弁護士と清算人	63.15. 1.
銀行利子	32. 1. 0.	清算人報酬	500. 0. 0.
受取手形	37.10. 0.	誌上広告費	3.13. 6.
先物契約からの利益	230. 0. 0.	付随的支出	29. 3. 3.
保険リベート	13.12. 5.	全費用	669. 5.11.
保証	28. 6. 4.	残高	25,161. 9.10.
清算に関しての支払い請求	170. 1. 9.		
清算人による請求	4,565. 2. 4.		
	26,958.15. 6.		
払込金への利子	1,115. 0. 1.		
未払利子	12.19. 8.		
	1,127.19. 9.		
	£25,830.15. 9.		£25,830.15. 9.

第 5 章　ランカシャ紡績企業10社の清算人報告書

1931年 9 月13日～1932年 3 月12日

(受取)		(支払)	
バランス	25,161. 9 .10.	法務省と裁判所費用	268. 3. 5.
銀行預金			
在庫品	5,449.16. 9 .	弁護人清算人費用	19. 6.
機械等			
取引き備品		競売，評価人費用	13. 2. 0.
機械投資等		紙代	3. 0. 0.
抵当貸し付け		付随的費用	120. 2. 0.
未払銀行利子	64. 0. 6.		405. 6 .11.
保険リベート	3 .14. 8 .		
帳簿上債務	7. 6.	社債所有者―現金	12. 9 .10.
手形		優先的債権者―現金	22,319. 8. 0.
証券からの譲与		無担保債権者―現金	11,159.13.11.
取引受取			33,491.11. 9.
清算による支払命令	133.19. 0.	バランス	16,737. 2. 6.
清算人による支払い命令	21,161. 5. 4 .		
	51,974.13. 7.		
差引			
不良債権等の保険	1,340.12. 5.		
	£50,634. 1. 2.		£50,634. 1. 2.

〔Public Record Office B.T.31.32363/162832X/J5866〕

8） アークライト （Arkwright C.S.C.）

　Rochdale 所在の当企業は1884年12月27日に登記され，資本金は£100,000，額面は1株£5発行株数20,000株，取締役は10株から最高100株を所有していた．

　1885年4月13日の株主名簿によれば，6,525株が応募され100％には達していなかった．ブーム期の応募状態ではなかった．その時1株僅か10シリングの払込で全部で£3,167.10.0.の資金を調達していたが，生産は未だ開始していなかったであろう．この頃はRochdaleの協同組合が£2株式200株を所有しており，他にもロッチデイル・エクイタブル（Rochdale Equitable）協同組合が300株の申込をしている．この時の株主名簿には，1,000株を所有する最大株主トーマス・ワトソン（Thomas Watson）絹製造業者が含まれていた．

　1890年3月31日の名簿では発行株数15,000株で未だ100％の発行には至らなかったが，当時株主は406名を数えていた．15,000株で1株£2.10s.0d.つまり50％の払込を終えていた．当時の習慣ではそれ以上の資金はローンで賄うのが普通であった．集まった払込金は£37,418.0.0であった．1900年の取締役の多くはRochdale在住であり，取締役の株数は100〜275株で，特に株式の集中は見られない．1908年定款の改正があり取締役資格たる最低株数は100株と改正された．1920年4月25日解散を決議した．言うまでもなく新会社（実態は同じだが）への移行を念頭に入れていた．

　Arkwright Mill　1920年5月25日登記　新資金　£320,000

　新会社の資本金は3.2倍となっていた．恐らく大戦中の物価騰貴が，戦後日本の資産再評価と同様に大戦中の物価上昇，それに伴う紡績会社の総資産評価の上昇が背後にあった．しかし，最大の見込み違いは大戦後イギリスの綿業が底のない不況に突入したということである．

　さて新しい企業では古い取締役は姿を変えショウ，ミドルトン，ロイトン，オルダムの混合チームが取締役を構成した．彼らは何れも数千株の株主であり，取締役全員が全株式の6.2％を保有していた．また新定款も一新され，取締役の資格は2,000株所有，また彼等の報酬も引き上げられて年£150となった．こ

第5章　ランカシャ紡績企業10社の清算人報告書

れも物価騰貴と係っているのであろう．ところでこの改組については別稿で詳しく分析したいと思うが，いわば紛らわしい行為が公然と行われ，それが正当化されており，これが改組企業が急速に破産に向かっていく遠因となっていた．1920年7月14日の資料によれば，この旧株主の仲介役は普通旧取締役であったが，旧株主に対して£160,000が支払われた上に新株式に対するプレミアムとして£40,000，更に旧株のローンを支払うのに£120,000が支払われた．工場全体の購入価格は£251,250であった．旧取締役が退職するための功労金（往々1人£1,000近くであった）諸出費を加えて£320,000の新資本金となったのである．付言すれば，旧取締役は法外な退職金を手にした上に更に複数紡績企業に新取締役として就任した者もあったであろう．

当企業は1927年3月1日にウィリアム・ディーコン銀行（William Deacon's Bank）が前面に出ることになるが，これは整理計画であり，資料への明記はないが，当銀行には相当の貸越勘定があったはずである．1927年11月9日整理計画が作成され，当企業は1930年10月31日解散決議を迎え，L.C.C.に吸収された．清算人によれば，負債£65,714.0.2は殆ど個人に対してであった．前述の銀行は勿論第1位抵当物件を保持したであろう．

Arkwright C.S.C. 貸借対照表　1920年9月22日

（資本と負債）		（資産）	
資本金	160,000. 0. 0.	工場・建物	27,911.10. 0.
借入資本	204,736.13. 1.	エンジン・ボイラー等	12,550. 0. 0.
負債	50,165.10.10.	機械・設備品	411,055.19. 9.
株式額面超過割引当金	40,000. 0. 0.	在庫品	18,476. 1. 3.
超過利潤税リザーブ	42,000. 0. 0.	次期繰越勘定	275. 8. 8.
損益勘定	16,988.16. 3.	債権（売掛金）	17,006. 4. 4.
		戦時4％ローン	6,000. 0. 0.
		戦時5％ローン	2,850. 0. 0.

銀行預金		17,693. 3. 9.	
手許現金		72.12. 5.	
£513,891. 0. 2.		£513,891. 0. 2.	

Arkwright C.S.C. 貸借対照表　1928年11月7日

（資本と負債）		（資産）	
£1株	320,000. 0. 0.	工場・建物	117,925. 0. 0.
1株17s.払込	272,000. 0. 0.	エンジン	43,539. 0. 0.
差引未払	9,353. 9. 9.	機械	232,956.10.11.
	262,646.10. 3.	在庫	18,067. 6. 3.
前受金	2,536. 5. 0.	次期繰越勘定	599.11.11.
	265,482.15. 3.	原綿取引連合等	8,745.14. 1.
ローン（整理計画）	61,271.15.10.	投資	22. 0. 0.
負債	4,471.13.10.	損益勘定	46. 7. 0.
取引債務（整理計画）	9,110. 7. 3.		57,415.13.11.
銀行借入	136,630.11. 6.	手許現金	2,599.12. 3.
		債権（売掛金）	50. 7. 4.
	£476,967. 3. 8.		£476,967. 3. 8.

Arkwright C.S.C. 貸借対照表　1929年

（資本と負債）		（資産）	
£1株	320,000. 0. 0.	土地・建物	117,925. 0. 0.
1株17s払込済請求	272,000. 0. 0.	エンジン	43,539. 0. 0.
未払込金	6,323.17. 7.	機械	233,085. 0.11.

	265,676. 2. 5.	在庫	792.11. 7.
先払込金	2,973.15. 0.	次期繰越勘定	22. 0. 0.
	268,649.17. 5.	投資	69.10. 6.
ローン（整理計画）	61,271.15.10.	損益勘定	50,302.17.11.
負債	4,103.17.11.	銀行預金	4,681.19. 6.
債務（買掛金）	9,048. 7. 9.	手許現金	39. 0.10.
銀行借入	136,080. 3.11.	債権（売掛金）	5,340. 5. 2.
（抵当整理計画の保証下）			
	£479,154. 2.10.		£479,154. 2.10.

Arkwright C.S.C. 清算人報告書

（受取）		（支払）	
ランカシャ・コットン		優先的債権者―現金	3,736. 9. 3.
現金	3,736. 9. 3.	担保付き債権者―現金	
5.5%社債	70,098. 0. 0.	5.5%社債	70,098. 0. 0.
普通株	67,187. 0. 0.	1£普通株	53,212. 0. 0.
後配株	10,524.19. 0.	1s.後配株	2,660.13. 0.
〃払込み請求分	8,202. 4. 0.		125,970.13. 0.
	159,748.12. 3.		
各種株主		無担保債権者―現金	
（清算人受取分を含む）		1£普通株	13,975. 0. 0.
	12,339.15. 0.	1s.後配株	842.19. 0.
支払い請求	36,763.17. 3.		14,817.19. 0.
清算人受取りの£15.6s.1d.			
支払遅滞理由による未払利息	108.12.10.	株主	
債券取戻益	10.13. 2.	1s.後配株	7,015. 0. 0.

	36,883. 3. 3.	同支払請求分	8,202. 4. 0.
			15,271. 4. 0.
ウィリアム・ディーコン銀行利子と預金		バランス	
	160.13. 1.		
	251.15. 5.	後配株	6. 7. 0.
	37,134.18. 8.		159,748.12. 3.
		清算人報酬・	
		法廷費用分の領収を含めて	1,567.11. 5.
		利子への所得税	49.11.10.
		支払い請求分の	
		L.C.C.への支払	8,879. 8.10.
		担保所持債権者―現金	12,671.17. 1.
		無担保債権者―現金	13,966. 9. 6.
			37,134.18. 8.
	£196,883.10.11.		£196,883.10.11.

〔出典：Public Record Office B.T.31.32425 X/J7855〕

9）アスレイ（Astley Mills Co., Ltd.）

　1883年11月6日に登記された当企業は，額面1株£5発行株数20,000株，資本金は£100,000であった．第1回総会の時の株主数は369名であり，ここで7名の取締役が選ばれたが，彼等は工場管理者，弁護士等を含み，50〜100株の所有者に過ぎなかった．1884年1月3日の株式申込数は7,774株で未だ充分とは言えなかった．1901年には既に£2.10.0.の払い込みが行われていた．応募株数は14,707株で，まだ70％であった．予定より資本不足で経営しなければならなかったのである．20世紀に入っても取締役は200株程度しか所有していない．資料が乏しく詳細は不明であるが，1920年2月23日に解散決議を終えている．

1920年3月7日同社が新発足した時，資本金は£700,000と馬鹿げた数字を示していた．総株式のうち取締役だけで53.8%を保有したのは，裏を返せば当企業が極めて不人気な企業ではなかったかと思わざるを得ないのである．取締役の必要持株は3,000株以上，報酬は年£250であった．工場の購入価格は現金で£300,000或は£294,140と記入されている．新会社の資本金£700,000をどう説明すべきなのか見当がつかない．1922年2月9日 London Joint Stock Midland Bank が金銭的には責任を負うことになったようであるが，細目については全く不明である．1931年2月10日解散決議．その負債は£253,729.10.5.でそのうちミドランド銀行の債権が£120,000を負っていた．

Astley mills
債権者の自発的解散報告書
清算人の最終報告
1931年2月16日〜1938年1月17日

（受取）		（支払）	
現金・銀行バランス	13,489.12.1.	法的費用	1,036.8.0.
支払請求	88,709.9.4.	賃金・国家保険	2,122.7.2.
銀行利子	857.10.8.	印刷・輸送・文具	595.11.0.
綿糸と仕掛品販売		ガス・電気	68.13.6.
綿糸販売の前受金等	5,155.18.0.	修理・税等	65.1.9.
受取り地代	18.19.5.	工場と事務所の地代	975.0.0.
小屋地代	158.17.6.	その他地代	60.10.7.
保険プレミアムと		旅費	103.11.4.
資産売却の実現部分	256.3.1.	収入税と銀行利子	68.1.0.
多種類の資産売却	73.2.7.	通産省への支出	32.10.6.
工場・土地・小屋の売却	543.5.4.	清算人報酬	
ブリティシュ・コットン		集金£109,502.8.7.の4%	4,380.1.10.

協会株の売却　158.8.0.	配当 £96,803.17.11.
前衛綿糸取り引き協会による	に対する2%　1,936.1.7.
火災保険金と資金配分等	6,316.3.5.
81.2.7.	優先的請求（所得税）　1,249.7.0.
	£254,370.12.8に対する£
	当たり7s.7.32dの配当　96,787.19.5.
	£49当たり6s6dの配当　15.18.6.
	96,803.17.11.
	109,497.3.2.
	支出をとじるために
	保留されていた未決算残高　5.5.5.
£109,502.8.7.	£109,502.8.7.

〔出典：Public Record Office B.T.31. 323991/65099X/J.7829〕

10) アール　（Earl Mill Co., Ltd.）

　同企業は，比較的安定した経営を続けた紡績企業であった．まず特徴としては，1株£100という高額面で出発していることで最初から富裕な大口投資家を狙っていることが窺われる．1890年5月16日に登記され，資本金£80,000で£100の株券は僅か800株であった．取締役は10〜20株を申し込み，不動産業者やマンチェスターの機械工などで構成され，特定職業へのかたよりはなかった．取締役の資格は10株所有で，年£250（全部で？）の報酬を規定していた．初期の投票権の名残があり，1株1票の原則にはなっていなかった．株主数は34名で，800株については100％の申し込みがあり，初回の£5払い込みで£4,000が調達された．続いて株主が増加すると同時にOldham Estate Companyが100株を所有した．

　1891年2月13日には£15.0.0.支払いであったが，続いて92年に£25，97年には£40払い込みが株主に対して請求された．1901年の株主数は64名であり，

1917年7月31日に取締役の報酬は，各人年£80に引き上げられた．

　1920年2月26日に解散決議されたが，そこに至るまで10株から20株を所有する取締役は比較的安定した存在であった．その時，株主68名で，10株から46株を所有していた．取締役の資格は3,000株所有で，報酬は各自年£100であった．

　同年2月26日，18万株を9万株と半分に減資したのは適切な処置だったと言えようが，購入のために必要とした資金と仲買人へのプレミアムを含めて£25,000支払い，購入の費用として現実に支払われた金額は£170,000と記入されているだけで，これ以上の細目は不明である．名目の購入費はプレミアムを含めて£225,000と記入されているのがこれであろう．

　2月26日の報告書によれば，その時新株式に対して新株主が払い込んでいた金額は£65,428.15.4.であった．

　1934年7月30日解散決議．その時負債は£51,033.5.9.，そのうちミドランド銀行から£20,360.17.3.を借入していた．

Earl Mill 最後の監査付貸借対照表（1930年2月11日）

（負債）		（資産）	
名目資本£1株180,000株	180,000	固定資産	
発行済資本金　179,750株		（償却£68,000）	131,189.14.5.
1株13s.請求	116,837.10.0.	形成費用	1,025.0.0.
差引未払残金	3,507.19.3.	在庫品	10,567.10.7.
	113,329.10.9.	綿糸債権	2,432.10.6.
未払込金	140.0.0.	手許現金	39.16.5.
失権株（250株）	150.0.0.	銀行預金	2,072.17.11.
再建計画中の債権者	35,064.18.3.	未収の地方税	92.3.3.
ローン提供者	52,881.8.1.	未収の保険金	147.19.9.
取引債務（買掛金）	1,554.12.3.	綿糸協会株	48.2.0.
合計	£203,120.9.4.	損益勘定残高	55,464.14.5.

1929年6月30日繰越負債	51,864.17.2.
1929年12月31日取締役報酬と税金	253.12.6.
当期損失	3,346.4.10.
	55,464.14.6.

£203,120.9.4.　　　　　　　　　　　　　　£203,120.9.4.

Earl Mill 清算人報告書
1934年7月30日から1937年8月9日まで

（受取）		（支払）	
銀行預金	2,121.8.10.	清算人　弁護士費用	100.8.4.
手許現金	2.7.0.		
工場建物	6,666.13.9.	清算人報酬	475.0.0.
投資	34.17.6.	資産維持の費用	355.11.10.
		広告費	11.10.3.
払込み要請株への利子	5.9.3.	付随的費用	46.3.11.
回収法廷費用	5.0.0.	銀行費用	3.2.3.
返金とリベート	98.18.9.	雑費	2.8.7.
銀行利子	20.19.3.	全費用	994.5.2.
清算時の払込み請求	3,206.4.1.	優先的債権者―現金	118.0.10.
		株主　£51,033.3.9. に対して£当たり4s.4d.	11,049.12.5.
	£12,161.18.5.		£12,161.18.5.

〔出典：Public Record Office B.T.31.32361 X/J6671〕

第6章　1875～1885年に登記された7紡績企業のライフ・ヒストリー
――倒産時の負債をみる――

はじめに

　オルダムを中心に群生した紡績企業の登記数に関する詳しいクロノロジーに触れた資料は全くないが，約400社を調査した結果により，そのおおよその姿を述べてみたいと思う．それは以下のようなものである．
　1873～75年の大がかりな登記ブームの後，生産施設の過剰化の結果として78年以降80年代を通じて企業の登記数は減少した．しかし，1890年代後半から最後の長期的登記ブームが1907年を頂点として再び訪れてくる．この1873～75年のブームの中身が私企業から公開企業への転換企業（converted company）を含んでいたのに対して，最後でかつ長期の登記ブームにおいては，新しく登記された企業のすべてが工場を新設しており，その紡錘数も80,000錘が中心で，以前より若干大型化してきたのである．
　さて小稿では，最初の登記ブーム後期の1875年から1880年代末にかけて登記された7企業のライフ・ヒストリーを記述し，特にその清算時の負債内容をも提示することが狙いである．なお資料は公文書館ではなく企業登記所（Company Registration Office）に所蔵されている中から見出されたものである[1]．
　ところでライフ・ヒストリーを記述するに当たって，1919～1920年に行われた紡績企業の資産再評価の過程について一言触れておきたい．第1次大戦末期の1918年頃から物価上昇が年毎に顕著になり，貸借対照表の資産額が3～5割も上昇した．これは物価水準の騰貴によるものであり，適正な生産活動を持続するためには資産の評価換えを行うことが必要となり，それにより紡績経営に深刻な影響を与えることとなった．生産活動の持続に必要な資本が増加したため，多くの企業は資産の再評価を行うことになり，その結果資本金は2～3倍に膨れ上がったのである．このプロセスについては別稿で触れたいが，小稿ではとりあえず再評価までの歩みと，その後の足取りを截然と区別した企業のライフ・ヒストリーによって記述したい．そして末尾ではそれぞれの企業の解散時の負債内容をまとめておこう．

第6章　1875年から1885年に登記された7紡績企業のライフ・ヒストリー　　　169

註
(1) この資料を利用した研究者は筆者以外に恐らくいないであろう．公文書館とは違い，企業登記所には研究者はまず訪れることはなく，業界人か信用調査所の職員がほとんどである．

1）エクイタブル（Equitable C.S.C.）[1] 1875年1月1日登記[2]，資本金£50,000

　最初の登記ブーム後期に生れた Equitable C.S.C. は資本金もまず標準的であった．定款には取締役に必要な株数の記載がないが，最初の登記ブームの株主総会の雰囲気を伝える項目が見られる[3]．取締役となったと思われる9名が株主名簿の最初に記録されているが，株数は全部で35株が記入されているだけである．取締役の職業は紡績業者と工場監督が5名で過半を占めていた[4]．ブームに沸いた年らしく1875年10月2日の最初の株主名簿は9,935株のうち，すぐに売却された株式が4,490株に達していた．株主数では712名のうち，209名は株を売却して利益を手にしてしまった．売却した株主数は56名を数えた．最大の株主は協同組合であった．当企業についての詳しい記録はないが，発足後1，2年の後に優先株2,000株を発行し，当時の取締役2名が所有していたらしい[5]．
　1885年普通株は49,625株であり，優先株は9,925株と3,000株で払い込まれた資本金は計£14,596.5.0であった[6]．
　1889年総会の決議によって株主の投票制度に1株1票の原則が初めて導入されたが，その時の最大の株主は190株の所有者であった[7]．1900年の最高株主も協同組合であった[8]．この年に定款の改正が行われた．
　1901年の取締役は発足時と比べると殆ど交代していた．725株を所有する保険業者が最大の株主兼取締役であった[9]．1919年の取締役は100〜200株程度しか所有していない．1919年にも売却ブームがあり，348名の株主のうち，57名が値上がりした株式を売却している[10]．
　当企業は1920年2月6日に解散決議を行った．
　1919年11月20日当社が再登録された時の資本金は£180,000であった．定款は申し込みの最低株数を100株とする（6条）等が規定された[11]．

当社の購入価格は£192,296.17.6.と記録されている[12]．取締役を中心に10名に対し新株180,000株が割り当てられたらしい[13]．申込み時に1株当たり10シリングが払い込まれ，それが£90,000になった．再発足時の株主は641名を数えている．1923年8月21日期日の来た手形は手数料を受け取って引き受けるという契約をミドランド銀行と取り結んだ．

　1928年11月2日に定款を改正して取締役の必要持株数を2,000株から1,000株とすると同時に整理計画が提出されている．1928年10月6日から清算人の業務が始められたが株主への配分についての記録は全くない．

註
(1) 1875年に登記され，93,696錘を所有し，1882, 1898, 1906, 1920年に拡張工事が行われた．1929年操業を中止した．
(2) オルダムに位置し，87,600紡錘を所有し20～36番手の撚糸を生産．
(3) 一例として総会での決定は挙手により決めるとしている．
(4) 織機見張人 loom over looker が4名も見られるのは当時織布兼業をしていたのであろう．ランカシャでは紡織兼業は徐々に消えていた．アメリカとの決定的差異がここにあろう．
(5) これは業績に関係なかったと考えられる．株主から資金を集める方策の1つであろう．或いはブームの最後の年の7月の登記であるから株主も息切れしていたのかも知れない．この年の末には発足出来ない企業もあった．
(6) 普通株数は9,625株の発行であったから，ようやく100％に達しつつあるという実状であった．
(7) しかしこの時も秘密投票の要求が株主請求によって通過した時は1人1票であった．他方取締役の年報酬は全部で£50となった．
(8) 400株の株主であった．
(9) 他の取締役は50～100株の株主でしかなかった．
(10) 周知のように株式が値上がり途上であった．
(11) 他に95条は職長部門の長として取締役の兼職を認めた（95条）．彼等の報酬は年夫々£100であった（87条）．
(12) この額と資本金との差額は旧取締役の報酬や登記料に充当されたのであろう．
(13) 公募をしないで身内の者に割り当てたのだろうか？　或いは申込みが100％になる自信が無かったからだろうか明らかではない．申込みの時50％が払い込み請求され£90,000の収入があった．取締役は全資本金の11.1％を所有した．

第6章　1875年から1885年に登記された7紡績企業のライフ・ヒストリー　　　　　　　　171

2）バウンダリィ（Boundary C.S.C.）[1] 1875年1月27日登記[2]，資本金￡50,000

　当企業はチャダートンに位置した．定款49条で株主の投票権は1票のみと明記しており，取締役の数は株主総会の定めによるが，それ迄は7名と規定している（56条）．取締役の資格は最低1株の所有であった（57条）[3]．取締役の報酬は総会で決定され（79条），また会長と副会長以外は総会で権利剥奪が決定されると記録している[4]（58条）．

　取締役は300株から150株を所有し，当時としては取締役の持株としては少なくない数である．取締役になったのは肉屋，外科医，会計士，無職，衣料商等であった[5]．発足直後の株主数は331名を数えた[6]．2月19日の記録では8,000株の申し込みがあったが[7]，1878年2月16日に資本金を倍額増資して￡100,000.0.0となり，当時としては大型企業となった[8]．

　1880年3月5日にはA株8,913株とB株2,020株が記録されており，A株は￡5.0.0で100％の払い込みがなされており，B株は￡0.5.0で支払いが始まったばかりであった．1885年3月5日には￡5株式は10,000株で100％が支払われ，増資による10,000株に対しては￡3.0.0の支払いによって，￡36,000が払い込まれていた[9]．

　1891年の株主数は375名であり，大株主の中には300株前後を持つ6名が含まれていた．1897年に定款が改正され，同年11月16日に減資が行われた[10]．1898年春に大規模な株式投機があったことを推定せしめる記録がある[11]．

　1900年1月19日の取締役は発足時と大分変化していた．1907年に定款改正が行われた[12]．1913年10月7日の記録によれば￡90,000の名目資本（nominal capital）は￡4.10.0.の払込みであり，別の￡60,000のそれは￡3.0.0.の払込みとなっていた．その時￡0.10.0.の資本金の返還が実施されている[13]．1919年2月19日の最後の取締役名簿でも彼等の持株数は200〜300株で発足時の顔ぶれは全く一新されていた．1920年1月19日に解散が決議された．

　新会社は1919年12月8日に登記され，新資本金は￡200,000であった．新定款は新会社として発足するには75％の申込みが最少限存在すること（15条），申し込み最少株数が50株（16条），取締役の必要持株数2,000株（84条）等を決め

ており，報酬は年総額で£600.0.0であった（87条）．旧取締役は旧会社の解散の際に£10,000の補償金を受け取ったと記録されている[14]．どの企業もそうだが新取締役は数企業の取締役をこの機会にも兼務していた．当初の取締役はオルダムから3名，チャダートンから2名を出しており，彼等は全部で5.9%の株式を所有していた．

この企業の20年代の業績は全く知られていないが，1933年2月28日に清算人が任命された．その時負債はミドランド銀行に対して£30,898.8.0あり，株主に対する支払い請求に対し応じなかった不払い資金は£53,868.3.9に達していた．

註
(1) チャダートンに位置して1861年以前私企業として出立し，当時は10,500ミュールと2,500リング紡機を所有した．1875年公開企業となり，1930年代まで操業した．
(2) オルダムに位置し70,800ミュール紡機で26〜38番手の撚糸を生産した．
(3) 1人1票制は初期オルダム企業の特徴であった．
(4) どのような場合タイトルを失ったのであろうか．取締役会への欠席がこの対象になったのであろう．
(5) 無職というのは恐らく地主が多かった時に見られる各種業者の混成部隊であった．
(6) その他初期によく見られたOldham Shaw Industirial Co.は300株の最大株主であったがこれは協同組合のことであろう．
(7) 創業当時は株式がすぐに100%に達するのは稀であった．
(8) この操業ブームに£50,000という資本金で登記後3年で倍額増資をしているのは紡錘数の増加と結び付くと思われる．出発時の規模は他企業より小さすぎる．
(9) 当時増資を行うと払込み額の異なる2種類の株式が生れるのが普通であった．旧・新株式に対するspecial agreementという資料が残っている．
(10) 当時よく行われた株主への払い込み金の一部返還であろう．£100,000であったものが，£90,000として1株£5.0.0は£4.10.0となり，1株10シリングが株主に返還された．
(11) この時に72名が株式を売却している．
(12) 1株1票の導入（80条），取締役の年報酬は各自£40（92条），必要持株数が50株（91条）であった．
(13) これは2度目の払い込み金の一部返還と解せられる．
(14) これはごく普通の例であったが，補償金額は異なっており，資本過大評価の一因

第6章　1875年から1885年に登記された7紡績企業のライフ・ヒストリー　　　173

を形成していた．不動産業者，製皮業者，株式ブローカーの他，工場監督3名が取締役についている．

3) グラドストゥン（Gladstone C.S.C.）[1] **1875年登記**[2]，**資本金£125,000**

　この企業はオルダム近郊のフェイルズウオースに位置しており，この1873～5年登記ブームの最後の年に非公開企業であったファーズ・ミル（Firs Mill）を公開して発足したもので，当時極めて多かったいわゆる転換企業——Converted Mill——のひとつであった[3]．この企業は，92,715ミュール紡錘と4,800リング紡機を所有してはいたが，資本金は過大資本化を生んでいたと言えよう[4]．取締役は旧所有者，4名が約7,000株，つまり30%近くを所有していた[5]．これに他の取締役を加えると彼等の株式は40%にも達していた．職業はメカニスト，職長，落綿業者，紡績業者など紡績に係わる主要職業の経営者を掻き集めて形成されていた[6]．定款50条は1株1票の投票権を明記し（50条），取締役は9名までとし（57条），資格は1株かそれ以上（57条）であったから，この点オルダムの公開企業の影響が感じられた．またこの頃は3ケ月毎の決算が往々採用されたが，毎年4名の取締役の交替が行われ，取締役がチェアマンを選んだ（第70条）．そして取締役の報酬は総会により決定されたのである[7]（81条）．

　翌年7月26日の記録の発行株式は16,000株で，予定通り申込みは集まらなかったので当初の見込みは失敗したのである[8]．£5.0.0株式のうち£4.0.0の払込み請求中であった[9]．

　当社は1883年に減資を行わねばならなかった．当時の記録は錯綜しており，やや理解が困難であるが，株式はこの時点でも15,020株しか発行されておらず，当初見込みの60%程度であり，しかも£4.10.0が払い込み請求中であった．これを£3.10.0として1株につき1ポンドが減資された．その結果£67,590の払い込みは£52,703に減少した[10]．

　減資は更に続き，1899年3月25日には£4.5.0が£3.0.0に変更された[11]．1901年の取締役は発足時と比べすっかり一新されていた．更に1901年には株式

は£2.15.0.と表示されているので減資がもう1度行われたと推定される[12].

1901年の定款の改定が遅まきながら総会を通過した[13]. 1908年の記録は土地を担保にした資金調達が発足時の1875年から存在したことを示しており，その額は£9,184から£14,642に達していた[14].

1920年当社は更に減資を重ねた．その時の発行株数は13,869株であり，失権株が146株記録されている．

当社は1919～20年の資産再評価に便乗しなかったのでこの機に幸運を掴むことができたのであろう[15]. 1924年にも4％の配当が記録されている．

当社は1941年まで操業していたらしい．公開当時の不運続きは1920年代以降若干取り戻すことが出来たのである[16].

註
(1) 1829年に個人が建設して私企業となり，1875年に公開企業とされた．1890, 1907, 1919年に増設され，1941年に操業を中止した．
(2) 1875年に登記され，92,808ミュール紡機と4,800リング紡機を所有した．24～42番手の横糸と32～38番手の撚糸を生産しアメリカ綿を使用した．
(3) この転換企業は第1に企業歴が古いことと，所有者がこのブーム期に便乗して公開して利益を手にしようと狙ったものであり，企業歴が短いものも多かった．旧所有者の支配は概して長続きしなかった．従って工場を新しく建設して発足した企業のように人気において劣る点があった．
(4) このブーム期の企業の資本金は£60,000位が標準であり，紡機数は平均以上であったにせよ2倍の資本金額を設定したのであった．
(5) この点はいわゆる転換企業の特徴であった．
(6) 旧所有者以外の取締役も200～500株を所有した．
(7) この取締役の3ヶ月の任期制も当時は往々見られた．ただし継続は許されたので任期は長期化する傾向があった．この3ヶ月任期制はすぐに長期化して2年任期になった．
(8) 転換企業は旧所有者の支配が感じられたので，公開しても株式の申し込みは期待通りには行かないのが一般的であった．
(9) この時点の株式数は15,920株で未だ100％に達せず，過大資本化での公開を語っている．
(10) 資産の減価分を実態に反映させたのである．
(11) この時点で£4.10.0となっているのは，第1回目の減資以降払い込み要求を行っ

第6章　1875年から1885年に登記された7紡績企業のライフ・ヒストリー　　　175

たことを意味する3分の1の減資である．
(12) 以前の減資の時は£5.10.0の払込みとなっていたのである．
(13) 1株1票制が決定され，取締役報酬は1/4期に全部で£50.0.0が株主総会で承認された．取締役の資格は50株かそれ以上の所有とされた（69条）．
(14) つまり，発足した時から土地担保の借入金に依存していたのである．
(15) 或いは便乗したくとも減資を2度もしているのであるから，出来なかったというべきであろう．
(16) F. W. Tattersall's Cotton Trade Review, 1924, p.10.

4) マザー・レイン（Mather Lane C.S.C.）[1] 1877年登記[2]，資本金£80,000 £5株式16,000株

　この企業は最初の紡績企業設立ブームが終息してから2年後に登記された企業であり，資本金額から判断すれば大型企業と言えよう[3]．定款では最高20票が200株に対して与えられていた[4]（14条）．取締役の必要持株は100株（17条）であった[5]．興味深いのは47条でローン資金に5％の利子と明記されていることで「配当とローン利子は1/4期毎に元本に加えられる．」（47条）と記録されていることである[6]．取締役は100株から400株を所有し，様々な職業の株主であった．

　1878年3月13日の記録によれば，発行株式は10,110株でまだ100％に達していなかった[7]．最高株主はこの時600株の所有者であったが，1880年代には石鹸製造業者が2,000株程度を所有していた．1881年資本金£80,000を£130,000に増資したので10,000株が追加された[8]．また1893年に定款の改正が行われた[9]．

　1893年当企業は再度増資を決行した[10]．資本金にさらに£70,000が加わり，40,000株で£200,000の巨大資本となった．しかしこの時は払い込まない株主がおり，発行株数は40,000株には達していなかった．1906年の好景気の時，未発行に留まっていた7,955株が割り当てられ，£3.10.0の払込みがあった．発行総株数はこの結果39,778株となった．1908年マンチェスターのT. R. マーシュ（T.R.Marsh）が3,375株を所有したが，彼が他界し彼の遺言執行者が5,071株を引き継いだ．

　1912年3度目の増資を行った結果，資本金は20,000株が加わって£300,000と

なったが，株主が増資分の払込みに100％応じなかったことは，株式が9,918株しか増加していないことから推定出来よう．1919年2月25日の解散時には払い込み資本金は£198,890.0.0.となり，解散前に資産の再評価を行ったような状態になっていた．

当社が新発足した時，新資本金は£125,000として登記された[11]．この企業の特異性は新取締役が大量の株式を所有したことで50,000株から56,000株，実に6名で全株式の88.2％を取締役によって所有していた．取締役の必要株数は5,000株であり（81条），取締役の報酬は各自年£300.0.0.であった．

当社のその後の経営内容に関しては記録がない．1929年7月29日に整理計画（schedule of arrangement）が作成されて清算の準備が整っていた．それによって当社は1929年7月29日に解散を決議し，清算人が任命された．それによれば資産は£13,852.8.7.であったのに対し，銀行に対する負債は残っていなかった．極めて稀な事例と言えるだろう．

註
(1) *The Cotton Mills of Oldham* には記録がない．歴史の定かでない企業である．
(2) 1877年登記，Leighに位置し，27,000ミュール紡機で40～80番手の撚糸を生産．
(3) 1873年の設立ブームの中での工場新設企業の平均的紡錘数は60,000程度であろう．当然ながら転換企業はより小型であった．
(4) 1株1票制が確立する以前の規定があり，それ以上は10株毎に1票を加え20票が最高の投票権であったが，それにはup to the £1,000と記録されており£5株式では200株に相当する．
(5) 当初取締役は200株から400株を所有した．
(6) これは確実に発足時のことで，普通ローン金利は経済状況と企業の資金需要により変動したのである．
(7) 翌年3月13日の株主名簿によれば，運送業者W.H.が600株を所有して最大株主となったが，彼は次第に持株を買い増して，1898年に死亡する時は2,041株で全株式の10％以上を所有した．彼の死後は彼の親族が相続した．
(8) この増資の狙いに関しては明らかでない．推量であるが，好業績のための増資とは思えない．
(9) 取締役の必要持株数を300株とし，他方投票権は最高400票まで拡大された．
(10) この再増資の背景についても明らかではない．しかし増資に対して株主が100％

払い込みに応じなかったようであり，1906年に未発行株7,955株が割り当てられているが，それでも全株式数は39,778株で40,000株には足りなかった．
(11) この企業の例外的なことは，解散後の資本金が解散前のそれを下廻るという点である．減資をして再発足したのは当時の業務のブームによって可能となったのであろう．

5) アンカー（Anchor C.S.C.）[1] 1881年登記[2]，資本金£60,000 £100株式600株

当企業は1873～5年の紡績ブームに続く不況期が峠を越した頃に登記された．株式額面は£100.0.0であり，私会社的側面を感じさせるものがあった[3]．発足時から既に1株1票の原則が明記されていた[4]（定款57条）．同年4月12日の記録によれば株主はわずか29名に過ぎなかった．その時発行株式は500株であったから，未だ100％の申込みには達していなかった[5]．綿布業者の70株，建築業者の50株という2名の大株主で20％程度の株式を所有していた．1883年の株主総会は貸借対照表を総会以前に発送することは不要と決議している[6]．1886年2月1日£100の株式に対して£30が払い込まれていた．1891年1月31日までに70株を所有していた大株主は全部持株を売却していた．また建築業者J.スコット（J.Scott）も50株から21株へと持株数を処分していた[7]．その時の株主数は31名を数えた．この年に土地抵当£9,000が設定されている[8]．

1906年6月13日に名目資本金£60,000が£30,000に減資され[9]，その際額面£100.0.0.の株式は£50.0.0.の額面600株と変更された[10]．恐らく資産価値の減少に伴う減資であろう．この600株は£30.0.0.の支払い済みとされた[11]．従って株主の支払い額は£18,000となった．20世紀初頭の取締役は各人30株程度を所有していたが，創設時の取締役は殆ど顔触れを変えていた[12]．発足時の大株主はすべて姿を消し，8株から35株を所有していた[13]．

1909年5月25日に2度目の減資を行って£30,000の資本金は£15,000となり，£25.0.0.支払い済み株式6,000株（£50.0.0.額面）であったものは£10.0.0.の支払い株式600株で，払込み資本は僅か£6,000まで減少してしまった．

当企業の解散日は記録されていない．

当企業は1920年5月7日に新たに登記され，資本金は£300,000となった[14]．

新定款は少なくとも資本金の10%の申込みがあれば，新事業を発足出来ると記している．また申込み最小株数100株（6条）の名義移転についての拒否権を取締役会は持ち（36条），取締役は3名から8名で各自2,000株の所有が要求された（78条）．彼等の年報酬は各自£1,600であった[15]（87条）．彼等は監査役を除いて企業と雇用関係を結ぶことが出来た（91条）．記録によれば，この企業の旧株主からの購入価格は£331,977.15.0.であった．

当社は新株式の申込みの際に£1株式に対し50%，つまり10シリングの払い込みを要求し，£150,000を掌中にした．登記料の費用は£3,500であった．3名の新取締役が50,000株程を所有し，取締役は全株式の約19%を所有した．後に新取締役が参加するに従ってその比率は35%近くに上昇した[16]．

1923年11月13日にManchester & Liverpool District Bankから土地抵当を得ているが，金額と利率については記入がない．抵当設定者は原綿業者であるEason & Barry Co.であった．

当社は1930年にも経営者が依然として40%近くの株式を支配していた．株主は5,000名程度で零細株主が圧倒的であった[17]．

何時とは記録されていないが，大口債権者であったManchester & Liverpool District Bankにより清算人が指命されたが，その結果についての資料は保存されていない．解散後，株主が投資額の一部を手にしたとは思われない[18]．

註
(1) 1881年に登記された企業でオルダムに位置し，58,994錘を所有した．1929年に操業を中止して落綿倉庫として利用された．
(2) ミュール紡機で20〜40番手の撚糸を生産．
(3) 株式の額面は企業設立に対し株主層の狙いを表現したものと言えるだろう．例えば1株£100額面の株式は資産者層に狙いを付けたものであろう．1919〜1920年の再組織に際し，額面を£5でなく£1としたのはこの狙いを表現したものだった．
(4) 共同組合的経営思想からの乖離と言えようか．
(5) 株主層の狙いから対象は限定されざるを得なかったのであろう．
(6) これは経営の封鎖性を表現している．オルダムでは多数の企業の業績が公衆に話題を提供していた．1880年以降貸借対照表を印刷せず総会でその内容を読み上げるだけという経営の非公開が強まって来るのである．

(7) この企業は発足当初から経営は余り順調ではなかったと推察されるのである．
(8) 利率と抵当権者は記録されていない．
(9) これは資産が半分に目減りしたと見做してよかろう．オルダムでは稀なケースである．
(10) この￡100株式の減資の時点で何ポンドが払い込まれていたかは記録に残されていない．
(11) 推量に過ぎないが，￡100の額面株式は既に￡80.0.0が払い込まれており，1株￡50が資産を喪失したため半分の減資後に残りの資産が1株￡30.0.0の支払いと帳簿を合わしたのではないだろうか．
(12) 大株主の2名は姿を消していた．
(13) そのときの株主数は31名であった．
(14) 以前2度も減資する程業績が悪かったのに，新資本金は5倍に過大評価されていたのである．
(15) 業績不良のため19世紀末にも取締役報酬は引き上げられなかった．ついでながら当企業は発足時定款に役員の年報酬が記録されていない．
(16) 紡績企業は発足時に7名の取締役が決定するのが通常であったが，稀には発足後しばらくたってから2，3名の取締役が加わることもあった．しかし体制として同時に決定するのが通常で，そうでない場合は適当な人を物色する等様々な理由があったのであろう．言うまでもなく彼等は規定の株式を所有しなければならない．
(17) 再組織以後の株主は大株主と零細株主との境界は鮮明であり，零細株主はブーム時に初めて株式投資に乗り出したものが多かったと考えられる．
(18) 一般論として解散時期が早い程返還される資産も多かったようである．零細株主中心の企業は解散手続きも容易ではなく，資産も散逸してしまうから株主の手許に返る投資額はいくらでもなかった．

6) アストレイ（Astley C.S.C.）[1] 1883年11月6日登記[2]，資本金￡100,000 ￡5株式 20,000株

この企業は Dunkinfield 村に位置して，1870年代後半の不況を通り抜けた頃に登記された．定款では秘密投票の要求が通過した時は1株1票と規定されていたが[3]，通常は1株以上の場合は10株毎に1票を追加し最高で20票の投票権があった（19条）．

取締役は10株以上の所有が条件づけられていた（40条）．取締役は当初20株から100株を所有しており，職業の多くは紡績業者で他に弁護士や製造業者などを含んでいた[4]．

当企業は登記後2ヶ月程経た1月3日付けの株式申し込みは7,774株で，未だ100％には達していなかった[5]．株主数は369名であった[6]．1901年の取締役のうち創業時から残っている者は唯一人も存在せず，目立ったような大株主もなく，1901年の取締役は305株を所有したものが最大株主だった[7]．1901年の株式は14,707株であったから，発足後20年近くを経た後も100％に達していなかった[8]．

当社の資料は簡単なものしか残されておらず，1920年2月23日解散決議が通過した．

1920年3月7日新生企業の登記資本金は£700,000と実に7倍に評価されていた[9]．資料の記録の意味が必ずしも明らかではないが，当社とニュートン・ムア（Newton Moor C.S.C.）の両工場を買収して1企業として経営したらしい[10]．新定款は取締役の数を3〜7名とし（83条）取締役の必要持株数は600株（86条），年報酬は各自£250.0.0.であり，分工場長（local management）の設定を許可している[11]（93条）．職員は監査役を除き取締役になることが出来た[12]（102条）．当企業の旧株主からの購入価格は「現金で」Astleyが£300,000でNewton Moorは£294,140と記録されている．

当社は1922年2月9日にすべての資本をロンドンのミドランド銀行に依存することになった旨の記録があるが，1931年2月16日に解散が決議された．その時，負債額は£253,321.10.5.であったが，その内の£120,000はミドランド銀行に対する負債であった．

註
(1) *The Cotton Mills Oldham* には記述なし．
(2) 80,000錘の紡機で20〜42番手の横糸を生産し，アメリカ綿を使用した．
(3) 定款第15条の規定である．
(4) 定款38条は「若し取締役が企業の中でなんらかのポストについた時，彼は取締役を辞職しなければならない」と記しているが，これは当時ごく普通の規定であった．
(5) 未だ50％にも達していないのは企業の評判を反映したものであろう．
(6) 発行株数と株主数から彼等が小株主中心であったことが解るのである．
(7) 3名の取締役は株数さえ記録されていない．

第 6 章　1875年から1885年に登記された 7 紡績企業のライフ・ヒストリー

(8) これはまったく経営不振を語るもので例外的なケースである．
(9) これは極端なケースである．旧企業の負債が巨大でそれを引き継いだからかも知れない．
(10) 資本金が大きいのはこの事実と係わるのであろう．極めて稀に見られるケースである．
(11) これは 2 単位企業（two units firm）と係わる規定であろう．
(12) 取締役がフルタイムの職員になり，また職員は同企業の取締役を兼務出来るというのは19世紀末頃から一般化したのである．

7) ファーン（Fern C.S.C.）[1] 1884年 2 月19日登記[2]，資本金£100,000 £100株式1,000株

当企業は紡績企業の集中したショウ村落に生誕し，当時としては大型企業であった[3]．発起趣意書（prospectus）には最低 5 株の申し込みを要求したので，株主として富裕層に狙いをつけた企業であった[4]．取締役は50株から 5 株を所有したので彼等だけで10％程度を所有したのであった[5]．発足時の株主は106名を記録している[6]．

1900年 6 月 5 日に定款が改正されて取締役の必要持株数が決められ，また年報酬も決定された[7]．取締役が雇用者として職務につくこともこの時許されたのである．20世紀初頭の取締役は10〜15株を所有している[8]．

1901年株主総会の特別決議を経て，£100.0.0.の株式が£50.0.0.とされ，資本金は 2 分の 1 の£50,000になった[9]．そして£50の額面は£15.0.0.の払い込みとされた[10]．1918年の最大の株主は65株所有のメリヤス業者であった．取締役は1918年には15株から85株を所有していた．その時株主数は87名であった．

1920年 3 月15日総会が解散を決議した．

新会社が1920年 1 月13日に登記された時，資本金は£300,000であった．新定款は割当開始に少なくとも 5 ％の申し込み（9 条）等を規定しており[11]，取締役の数は 2 〜 5 名と少数を選んだ．5 名がそのポストに着いたが，彼等は少なくとも夫々3,000株の所有を要請された[12]．

取締役は 5 名で全株式の13.3％を所有した[13]．記録によれば，当企業の購入価格は£280,000であった．

当企業の航跡は資料が残されておらず不明な点が多いが，1939年11月11日，清算人が任命された記録が残っている．

註
(1) ショウに位置し1884年に登記された．4階の拡張が1904年に行われ，1923年にはカード室が拡張されたが，1938年に操業を中止した．
(2) 1887年に登記．117,292紡錘を所有し，36～44番手の横糸を生産．アメリカ綿を使用．
(3) 当時としては資本金が£60,000というのが平均的資本金であったから，£100株1,000株というのは極めて異色と言うべきであろう．
(4) この点でも極めて例外的企業と言えるであろう．
(5) 最大株主は50株を所有した株式ブローカーであった．
(6) £100の株式であるから大多数の株主は1株か数株を所有したと考えられる．1899年の最大株主は40株を所有した．
(7) その時「新しい規制」として「株主は取締役の管理下にあり，彼等の思うように株式を最良と思う人に割り当てることが出来る」という記録があるので増資を念頭においていたのであろう．
(8) 設立時の大株主は姿を消していた．
(9) これは資産の消滅による減資と考えられる．業績が思わしくなかったのであろう．
(10) 1914年の株主数は94名で最大株主は135株を所有した．
(11) これは例外的に低い申し込み時点であり，再発足を懸念したのであろう．減資の前歴と係わるのであろうか．
(12) 新会社の株式額面は£1であった．
(13) 取締役はすべてオルダム在住者でショウ村の者はいなかった．ここで人材の交代があったと考えられる．

おわりに

ここで解散日と負債内容をまとめておこう

社名	解散日	負債，その他
Equitable	1928年10月6日	不明
Boundary C.S.C.	1933年2月28日	Midland Bank £30,898.8.0

Gladstone	1941年頃	資産再評価せず
Mather Lane C.S.C.	1929年7月29日	銀行負債なし
Anchor C.S.C.	1930年頃	Manchester & Liverpool District Bank が債権者
Astley C.S.C.	1931年2月16日	London & Midland Bank に£253,188の負債
Fern C.S.C.	1939年11月11日	不明

　なお，倒産時，企業は地方銀行，特にミドランド銀行に数万ポンドから10数万ポンドの負債を負っていたということである．この解散日については企業の株主構成が清算日の決定には重要であった．小株主で構成されている時解散は往々時期を失しがちであり，資産を消滅しがちであった．工場の保全のみで費用がかかったからである．銀行の負債がなかったMather Laneは特記に値する例外と言えるであろう．なお，小稿の註(1)は Duncan Gurr & Julian Hunt, *The Cotton Mills of Oldham*, 1985の記述であり，(2)は *Directory of Cotton Spinners*, 1914年を利用しているが(1)は記述のない企業が時にある．

# 第7章　1907年に登記された6紡績企業の
　　　　ライフ・ヒストリー
　　　　――倒産時の負債とともに――

はじめに

　ランカシャ，就中，オルダムに集中した紡績企業の登記年度については既に触れたこともあり[1]，小稿で屋上屋を架す必要はないであろう．ここでは取りあえず登記の最後のブームが19世紀末から到来し，1907年に頂点を刻むと言うことを指摘したい[2]．小稿ではその頂点で登記された6紡績企業のライフヒストリーを記述して，その倒産時の負債に注目したい[3]．

　ところで前稿においても触れたのだが，周知のように第1次大戦下のランカシャでは──全国的にも同じ動向を辿ったが──1918年頃から物価が上昇し[4]，貸借対照表の総資産価格が3年程の間に50％近く上昇した[5]．これは言うまでもなく，生産持続のための必要資本量が増大したことを意味したが，数年来20～40％という高配当を持続すると共に，株価も同様に上昇していた[6]．その結果紡績企業は，新しい資本の導入が要請されるようになり，資本金を2倍あまりにも過大評価し，そのもとで再発足するということが行われた[7]．もっともこの状況に対して，個々の企業がどのように対処したかという方法は様々であった．例えば，1950年代まで操業を続けた余りにも有名なサン・ミル（Sun Mill Company）は，内部留保金を取り崩して£75,000の資本金を£150,000としたのであった[8]．

　この通常言われる資産再評価（reorganization）は，これを資本再組織と呼ぶ研究者もいるが1919～1920年のその過程について筆者は，別稿を用意しているので[9]，小稿では省くが，まず旧企業の解散と新企業の発足を新資本金と新定款の順序で記述し，結語ではこのブームの頂点に生誕した企業の最後を見届けてみたい．なお，各ケースの註の(1)と(2)は当企業の歴史が記述されたDuncan Gurr & Julian Hunt, *The Cotton Mills of Oldham*, 1985 に依拠して企業の歴史を記述し，(2)は Directory of Cotton Spinners, 1914から製造綿糸の番手数と原料綿花などを記述しておく．

第7章　1907年に登記された6紡績企業のライフ・ヒストリー　　　　　*187*

註

(1) 拙著『紡績業の比較経営史研究』有斐閣，1994年，31頁参照．
(2) これは筆者が400社の紡績企業の登記数を調査した結果導いた結論であるが，登記数そのものについて調査した資料は全くない．筆者の限られた知識では，1913年に登記された Wye Mill が最後ではないかと思う．勿論工場の増設はその後も行われた．
(3) この数字は Public Record Office ではなく Company Registration Office の夫々の企業資料（Company File）の最後に記録されている．
(4) この点に関しては本書第4章，110-111頁を参考のこと．綿糸に関しては価格が1918年から上昇し始めた．
(5) 一例を記述すると Marborough Mill はその総資産額が1917年の£397,690.4.1から1920年には£532,893.7.5と33％増加した．
(6) オルダム・クロニクルの年末の株価表示と前年度との比較を参照のこと．なおオルダム・クロニクルの年度末業界概観に関しては本書第4章，113-115頁参照のこと．
(7) 極端な場合は以前の資本金の3～4倍の資本金で発足した企業もあった．例えば，小稿中の Kent C.S.C. は£80,000の資本金が資産再評価後には£400,000となっていた．
(8) 個々の企業は夫々別な政策が採用されたのであるが，無数の企業についてその跡を辿ることは出来ない．唯一の例外は別稿で詳述される Marborough C.S.C. であり，当社がなぜ資産再評価をしなかったかのプロセスが，オルダム・クロニクル1920年4月20日号に記録されている．
(9) 再組織して新しく発足した企業は，小稿が示すように新しい定款の下で出発し，解散前には見られない様々な特徴を示していた．例えば，株式額面は往々£1.0.0であり，£0.10.0が申し込みの際に支払いを要求された．更に通常，取締役が全員で20％程度の株式を所有した．株主の最少申し込み株数は20株程度となり，更に取締役の年報酬が相当増額された．1つのケースを紹介すれば，Briar Mill は1920年に再組織された時資本金は£200,000となり，最低申し込み株式は100株となった．

1）アイリス（Iris C.S.C.）[(1)] 1907年5月27日登記 [(2)]

Fox Mill 登記の1ケ月後に登記されたが，£5株式25,000株からなり，資本金が£125,000で，極めて過大であった[(3)]．資料に J.Bunting から購入と記されている[(4)]．詳しいことは分からないが，彼が企画した後公開化したのであろう．そして彼は自ら専務（Managing Director）に就任した[(5)]．ただし取締役の持株数は記入がないので分からない．定款は500株と規定し（80条），報酬は年£420であった（81条）．取締役は専務の職につくことが許された[(6)]（92～95条）．

この企業に関しては他に語るところが極めて少ない[7]. ただ, 1932年に減資したことは明らかであり, 第2次大戦後, 1959年3月19日, J.M (Oldham) Ltd. という改名届けが記録されている[8]. 恐らく当企業は第2次大戦後, 操業することもなく, 放置されたままであったのだろう.

註
(1) 1907年, Hathershaw 紡績工場の横手に建設された. 62,568リング紡機を所有した. 1946年拡張されたが, 1962年に操業を中止した.
(2) 62,568リング紡機を所有, オルダムに位置して8～36番手の縦糸を生産した.
(3) 1905～1907年の最後の紡績企業設立ブームに設立された企業で, 他の企業が£80,000の資本金で大部分出立したのに対し, この資本金額は異例である. 紡錘数は125,000錘で他と変わる点はなく, 最初から過大資本化で発足したように思われる.
(4) この記録の意味は必ずしも明らかでないが, 恐らく株式仲買人であった彼が割り引きか何かを行って, 株主を募ったのであろう. 彼が発起により相当の利益を得たことは間違いないであろうが, 彼が専務の地位についている (18条) のは, 彼の主導で設立された企業と言えるだろう. ちなみに彼は紡錘企業の発起を職業とした人物であり D.Jeremy (ed.), *Business Biography*, vol.I, pp.506-9 を参照されたい.
(5) 取締役の数が定款77条で2～12名と規定されているのは全くの例外で, 取締役の地位を与えて株主を求めたという推量を呼ぶのである.
(6) ただし, 7名の取締役は記録があり, 地主, 機械業者, スレート製造者, 代理商人, 鋳造業者, 綿布商人等広い職業を示していた.
(7) 1907年8月6日の記録として, 株式は100％申込があったことを記録しており, £6,250.0.0が払い込まれ, ローンとして£13,550.0.2が集められたと記録している. また1915年には特別決議により, 株主の名義移転申請は申込者が責任ある株主であろうとなかろうと, 何の理由もあたえることなくこれを許可されるとして, 株主に広い門戸を開こうとしているのは, 名義移転を拒否できるというのが通例であったからである.
(8) 1928年8月1日は資本金£35,000.0.0という記録があり, 4分の1程度にまで減資が実行されていたことになる. 1959年に至る当社の歴史は全く不明である.

2) ケント (Kent C.S.C.) [1] **1907年4月8日登記, 資本金£80,000 £5株式16,000株** [2]

当社はチャダートンに位置する紡績企業であり, 定款では取締役の特殊必要条件を400株と明記しているが (78条), 7名の取締役[3]のうち6名はその条件

第7章 1907年に登記された6紡績企業のライフ・ヒストリー

を満たし，ただマンチェスター在住のJ.D.機械業者が1,150株と5％以上を所有した．推定であるが，紡績機メーカーのプラッツ社と関わったのかもしれない．取締役は専務以外のいかなる職位にもつくことが出来た（83条）[4]．

他に92条から94条は専務（managing director）の職位について規定してあった．既述の大株主が専務の職にあったのではないかと推定される．

1908年2月2日，発行株式15,345株でほぼ100％の申し込みがあった[5]．株主数は144名を数えた．1920年1月23日には取締役は725株から475株を所有し，既述の大株主は記録されていない．

1920年4月に解散が決議されているが，1株£32.0.0.で買い上げられて[6]，全体で£521,200と記録されている[7]．取締役が中心となって旧株式を買い上げたらしく，夫々£23,200，£28,960，£24,000，£48,000，£20,640，£25,200そして£351,200，総計で£521,200.0.0.となった．

新企業の開始に際して，現金で支払われた資金として£56,000の記録がある．その他保証のない債券として£22,591.12.11.が1932年まで記録されている[8]．

1920年3月5日に，新会社が設立された時の新資本金は£400,000であり，以前の5倍の評価であった[9]．

新定款は少なくとも資本金の50％の申し込みがあった時の新株の割り当てを許可し（15条），最低申し込み株数を100株（6条），取締役は5,000株を必要とした（84条）．取締役の年報酬は各自£200であった．他に7条は commission for placing shares として「10％を越えない」（7条）と明記している[10]．購入価格は£529,615.0.0.と記録があるが，新資本金は£400,000.0.0.であった．他に工場の購入に£200,000，登記料として£1,045.15.0.の記録がある．

当企業のその後の経営資料は多くを語らない．1931年4月23日の記録は，額面£1.0.0.株式399,700株の普通株は100％払い込み請求の下にあり，1938年4月28日には345,500株の普通株と252,066株の優先株が発行されていた[11]．当時既に「整理計画」が決定されており，1939年3月23日，当社は自発的解散を決議した[12]．整理計画は恐らく優先株に優先順位を与えたのであろうが，ローンの処理方法についての詳細は分からない[13]．

註

(1) 1907年に登記されて，104,224錘を装備した．
(2) 93,472ミュール紡機を所有して30～36番手の撚糸と40～52番手の横糸を生産した．
(3) 落綿業者，金具商，ジェントルマン，薬品業者，綿糸販売人，工場監督等多彩であった．
(4) 勿論，取締役は監査役を兼ねることは出来ないとした．
(5) 1年足らずで100％申し込みがあったのだから，最後のブームの年として発起は上出来であったと言えよう．ちなみに，1873～75年の紡績企業発起ブームの末期には100％の申し込みがなく，途中で中止したり，間もなく解散した企業が少なからずあった．例を挙げると，1873年に登記されて失敗した企業 Gooden Mill（資本金 £30,000）や，Higgin Shaw Mill（資本金£90,000）があり，夫々1918年5月14日と1895年10月24日に解散を決議している．
(6) 当時の株式の値上がりを反映して株価は段々と吊り上げられたのであった．1918～1920年のオルダム・クロニクルの株価を比べれば，株価の上昇がすぐ分かるのである．この点に関しては本書第4章，110-115頁を参照されたい．
(7) これは株式を買い上げた7名のシンジケート団の支払い額を合計した金額であるが，面白いのは，このシンジケートを形成した者は必ずしも取締役ばかりではなかったという点である．彼等は株主から旧株を手放す承認を得て£20,640.0.0から£351,200.0.0までの売却を取り付けたのであり，その合計は£521,200.0.0となったのである．
(8) これを説明するのは容易ではないが，新企業の操業には，登記料や旧株主への支払金，旧取締役へのポスト放棄の功労金£7,000程度が含まれよう．操業開始資金の大部分は新株主の払込金で，新会社の多くは£1株式で新株主になると£0.10.0．つまり50％の支払いを請求された．当社の場合は，新資本金は£400,000.0.0であり，新会社の最初の報告書には£200,000の受け入れが記録されている．ここから判断するとこの20万ポンドの相当分が旧株主に手渡されたことは間違いあるまい．

　しかし，当初予定したように，旧株主や取締役に対して買い上げ価格が100％渡せたかどうかは明らかでない．この時に記録されている表現は明確さを欠くものであるが，新株主を集めるために株主（例えば新取締役）にコミッションを支払ったと考えてよいであろう．これはあくまでも筆者の解釈であり，この記述はごく少数のケースにある記述である．
(9) この1931年4月23日には，発行株数399,700株で£1.0.0株式は100％払込み請求の下にあった．
(10) 時々新企業の定款にこの種の規定が見られるのは，コミッション付き販売を許したものであろう．新会社の定款にコミッションが記入されている場合が稀に存在し

た．当社の場合 Commission for placing shares であり，新株主を見出した人に対して手数料10％が支払われたのであろう．
(11) 普通株が400,000株になっていないのは，当初から40万株の申し込みがなかったか，途中で失権株が生まれたかのいずれかであろう．
(12) 解散時には整理計画に従って資産が処分された．
(13) 当社の「整理計画」を筆者は所有していないが，Park C.S.C. の法廷で作成された公文書館所蔵の資料があるのでいずれ翻訳してみたい．

3) ラム（Ram C.S.C.）[1] 1907年2月14日登記，資本金 £80,000 [2]

当企業はチャダートンに位置しており，他企業と同様に£80,000の資本金で出立したが，途中で£40,000の増資を行い，£120,000の資本金となった異色の企業である．設立時の定款には特に目立った条項はないが，面白いのは81条で年俸を各自£60.0.0.と記入した後に「チェアマンは最初の工場で£10.0.0.を操業開始と共に加俸，第2工場も同様な時点で£10.0.0.加俸」として，安全な操業に期待を寄せていたことである[3]．株主は取締役の3名が1,000株を所有してかなり集中しており，続いて500～1,200株を所有する大株主が参加している[4]．

操業した年の12月24日，同社は£20,000（£5株式4,000株）の増資を行ったが，この事情については不明である．株主は翌年3月12日に130名と記録されているが，1,000株から2,000株を持った大株主3名が20％以上を所有していた[5]．1908年10月16日から翌年3月25日にかけて，夫々£5,000の抵当が3回に渡って設定された．提供者はいずれも同一人物であり，利子は5％であった．1910年に再び同額が設定された[6]．1911年10月11日には同額の抵当も同一人物から与えられたが，翌年の7月29日には£30,000の4％社債が発行されている[7]．この頃取締役の2名は退陣した．その一人のE.H.R.は「欠席を理由として退陣させられた」．1912年8月27日の新定款は8条で「コミッションは10％を越えないこと」と決定した上で[8]，取締役の報酬を各自，年£100.0.0.，必要持株数500株（76条）等と今までの規定を緩めている[9]．同社は1917年8月2日に£30,000の社債と£10,000の抵当権を設定している．1917年には John Lergh が土地抵当で£10,000を貸与し，同年2月8日に£20,000の社債を発行している．

当社が新しく登記を終えた時の資本金は£で350,000であったから，4倍以上の資産再評価であった．当時の資料は企業価格が£339,332.13.4.であり，1株を£13.12.0.で旧株主から購入し，旧取締役の功労金として£12,332.13.4.が支払われたと記録している．従って1人当り，£2,000程度の金額が支払われたのである[10]．新取締役は2,000株の所有を必要とし（77条），また新株引受けのために支払うコミッションは10％以下とされた（8条）．そのため，彼等は2,000株から3,000株を所有し，全体の13％を所有した．

　1920年5月13日の最初の報告書での企業の購入価格は£339,332.13.4.であったが，新会社の5月26日のローン引き出し金は£18,011.10.4.であり，残存ローンは£108,788.4.4.，登記料は£1,509.18.0.と記録されている．

　1930年中には5％の利子で，土地を抵当に£21,500.0.0.と社債£100,000が発行された．株主は1,149名という多数を数えた．恐らく多くは小株主であったろう．

　当社はその後の記録が定かでない．1930年の取締役は24,175株を所有し，取締役等株主数は約1,500名を数えていた．1920年の株主数と比べるとやや増加していた．当社は解散時も明記されていないが，その時の負債としてはミドランド銀行が£23,785.5.3.，その他個人からの負債が4件で，負債総額は£86,494.9.6.であった[11]．

註
(1) チャダートンに位置し，1907年に登記されて112,980紡機を所有した．1931年に操業を中止して3年後操業を開始した．第2次大戦後1955年に拡張されたが，1971年に操業を中止した．
(2) 1907年に登記されて112,980ミュール紡機を所有し，36〜38番手の撚糸と36〜46番手の横糸を生産し，アメリカ綿を原料とした．
(3) これは珍しい事例である．
(4) 最大の株主はショウ村に在住する1,200株を所有した混綿業者であった．
(5) T.S.Hague なるオルダムの紡績業者であった．
(6) その頃株式は£2.0.0.の支払いとなっていた．
(7) 社債（debenture）の発行は個人である．当時社債は現在のように流通してはいなかった．

第 7 章　1907年に登記された 6 紡績企業のライフ・ヒストリー　　193

(8) コミッションの上限設定はこれで Kent C.S.C. に続いて 2 度登場するのだが，この意味は，不明確な記述である．新株の申し込み株主に対して申し込みの際，払い込み金を割り引いて新株主を勧誘したのであろう．
(9) 概して取締役の持株数を減少させるのは，業績が良くなく取締役が身を引くケースを予測した時であった．
(10) これは一般的であり，旧取締役も £2,000程度を受け取ったのである．株式は時価で買上げるため旧株主の利得は大きなものだった．
(11) 債権者の名前は記録されているが職業は記録されていない．原綿業者や資金の提供者等であろう．

4）ロイトン・リング（Royton Ring C.S.C.）[1] 1907年 8 月14日登記，資本金 £80,000[2]

　このリング紡機の企業は有名企業の集中したロイトン村の一角を形成した．定款は他企業と変わりなく取締役の年報酬総額は £500.0.0.（79条），取締役は職員として同企業内の職務に従事することが出来ると明記している（81条）．10月22日の記録によれば，100％を越える申し込みに対して割り当てが行われ，株主数は63名であった．

　11月14日の株主名簿にはオルダムの原綿仲買人と設計業者が夫々2,000株を所有した他，ハワースの建設業者 3 名が夫々800株を所有し，大株主の割合は極めて高かった[3]．1917年の株主数は122名で取締役は全て大株主であった[4]．

　当社は資産再評価に手をつけなかった[5]．1925年 8 月17日に臨時清算人が任命されたが，現実に清算は行われなかった[6]．1926年に取締役の全員が辞職するという事態が起こった．経営を支配した 8 名の大株主が過半の株式を所有していたのである[7]．1928年の事態は £80,000の株式が100％の払い込みを請求されていた[8]．当社の清算時の記録はない．土地抵当の提供者等に £110,905.8.0. が支払われたという記録がある．同時に「担保のない債権者は可成りの数存在し，彼等の係わり方は株主と同じ程度のものであった．」という記録がある．£92,778が社債保有者に返還されたが，社債を委託された J.T.H. と W.T.H. の両者がその返還従事に関わったものと思われる．

註
(1) 1907年登記，1930年代 L.C.C. により吸収され，落綿小屋は1937年拡張された．1964年にはコートルズ社が吸収したが，66年には工場が閉鎖された．
(2) 64,176リング紡機と6,400錘の撚糸機を所有し，8～40番手の撚糸を生産した．
(3) これは新設工場に往々見られた現象であった．
(4) 従って前述の大株主は登録後10年位経っても持株を所有し続けたことになる．しかし株主は増大していた．
(5) 業績が悪い企業にはよくこれが見られたが，なぜ手を出さなかったかは不明である．結果的にはそれが企業に幸いしたことは間違いない．
(6) 配当は当然無配であった．臨時清算人（Provisional liquidator）がどういう場合に使用されたのか，現時点では知り得ない．
(7) 恐らく経営支配を廻る争いがあったと考えられる．全員辞職というのは稀にしか記録されていない．
(8) どの程度未払込み株があったかは記入されていない．

5) オーブ（Orb C.S.C.）[1] 1907年2月5日登記，資本金£80,000 [2]

当企業は，チャダートンに位置し，最後の紡績企業設立ブームが終息する時点に登記された．定款は最少申し込み株数£100.0.0.（20株），資本金の払い戻し（pay back）の許可というオルダム初期株式の痕跡が見られる [3]．さらに「コミッションは誰にも支払われることはない」と明記してある [4]．取締役全体の年報酬は£420.0.0.（93条）であった．また各種の職員（専務，部門の長等）を取締役から雇用することが許されている [5]（91条）．取締役は250株を所有したが，他に1,250株から2,000株を所有する3名で全株式の50％以上を所有していた [6]．株主は41名に過ぎなかった．1910年には Oldham Equitable 協同組合から抵当権を得ている．1909年に£1.15.0.の払込みであった株式は1912年には£3.0.0.まで払込みが進んでいた [7]．1912年6月27日の定款改正により，秘密投票が行われる時は20票毎に1票とされ，取締役の資格はそれ以前の6ヶ月間50株所有という規定が撤廃された．

1918年の株式は£3.0.0.払込み株が13,500株，£5.0.0.払込株2,000株，£3.5.0払込み株が500株であった [8]．それは先の払込み金£4,125.0.0.を含めて総計£52,125.0.0.の払込資本金であった．当社は1920年5月20日解散を決議

第7章　1907年に登記された6紡績企業のライフ・ヒストリー

した．

　新会社として登記された資本金は£400,000という発足時の5倍の資本金となっていた[9]．定款は新株割当の最少申込みを資本金の75％（5条）とした上で，100株が最少申込み条件（6条）の他，コミッションは10％以下（7条）と規定している．取締役の持株数は5,000株（84条）で，この結果12.9％が取締役によって所有された[10]．取締役は監査役以外にはどんな役にもつくことが出来た（88条）．報酬は各自年報£200.0.0.と高額であった．発起書（prospectus）には購入価格£373,218.15.0.と記入され，「買い手は購入企業の全負債と解散費用を引き受ける」と記入がある[11]．旧株主への負債£160,000,機械等資産£160,000, ローン£30,545.16.10., 登記料£1,045.15.0.等をプラスして£400,000とある[12]．差額は旧取締役への資産再評価への功労金等に消えてしまったのであろう．1920年4月25日の記録は，£1新株に£0.8.0.の支払いが要求され，これが£160,000となり負債として支払われた[13]．この時株主数は928名という多数であった．1921年2月25日には£45,000の抵当を設定したが，提出者はオルダムの資産家であった．当社の記録はここまでであり，それ以降の軌跡は知られていない．

註
(1) 1907年に登記された企業で，1941年に工場が拡張された．1961年に操業を停止してL.C.C.がこれを吸収した．
(2) 103,000紡機を所有する企業で，26〜96番手の横糸と撚糸を生産しエジプト綿を原料とした．
(3) この点に関しては別稿でも触れたい．19世紀のオルダム紡績企業では資金的に余裕が出来たり，償却が進行するにつれて払込資本金を株主に返還して，配当の負担を軽くすることが行われた．これが定款に明記されている．
(4) 既に何度も記したように，株主を集めるためにこのようなことが行われ，特に1919〜1920年の資産再評価によって，株主を集めるのが困難になった時はコミッションを新株主に支払うこととした．この記録はそれをしないことを明記したのであろう．
(5) 投票権に関しては2株まで2票，10株毎に1票追加，最高20株というオルダム方式が残存していた．

(6) 建設業者,原綿仲買人,設計業者の3名.
(7) 払込みは1909年から1912年に亘って4回支払われ,1909年£1.15.0から1910年£2.2.0,1911年£2.10.0,1912年には£3.0.0.と規則的に請求された.
(8) このように払込み金に差があるのは,受付から直ぐに100%の申込みがなかったことを示している.つまり,後から申し込んだ者は払込み額が少ないのである.これは他企業にも往々観察された.
(9) この5倍という評価は他企業より著しく高い.察するに,解散が遅れてその間に株価が高くなったという要因が最大の理由であった.
(10) 旧会社の取締役は新会社には全て参加していない.
(11) これは貸借対照表の負債項目の全てであり,多くは旧株主の所有する全株式の1株当りの買い上げ価格に株数を掛けたものの他に,ローンが負債に入り(そのまま引き継いだ時には),登記料や旧取締役の資産再評価による報酬(普通£10,000位)もこれに加えられた.一般的に企業の買い上げ価格は急激に上昇した.価格が株価の上昇につれて1株の価格も上がったからである.複数の買い上げ機関(シンジケート)間で紛争が起こったりした.
(12) 購入価格は旧株主に対する負債として相当部分が支払われなければならない.問題は機械等の固定資産を別に新資本金に加えていることで,もし株式が100%払い込まれていれば,旧株式の購入代金が新資本金の中核となるであろう.しかし一部が払込み状態であるため,固定投資部分で払い込まれていない資本金を払い込まれたものとし,しかも算定に当たっては固定資産の現存評価額£160,000で,購入価格の一部を構成していると考えられよう.
(13) 資産の再評価額が平均2〜3倍であったことを考慮すれば当社のように5倍という差が出てきたのは,この再評価がいかにプリンシプルを欠いたものであったかを物語るものである.

6) ラトランド (Rutland C.S.C.)[1] 1907年1月19日登記,資本金£80,000[2]

当社は紡績企業の集中したショウ村に位置した企業であるが,1920年頃の資産再評価(reorganization)をしなかった企業であり[3],従って,予想されるように企業生命も長く,1930年代まで生命を保った[4].発起人7名のうち6名はオルダムの住民であり,465株から335株の保有株は各人各様であった[5].1918年は465株から250株を所有したが,取締役は殆ど交替が見られなかった[6].取締役は何の理由も言わずとも名義移転を拒否することができる(21条).このことは当時の定款としては必ずしも珍しくはない[7].1908年7月7日の株主数

は55名であった．そのうち同村居住者が9名記録されている[8]．広く知られた株式仲買人のJ.Bunting（187頁参照）が500株を所有していた[9]．1920年6月8日の最大株主はショウ村に居住した975株の所有者であった[10]．株主55名のうち9名，株数にして1,785株がショウ在住の名義であった[11]．これ以降当社の資料は多くを語っていない．

1935年1月29日に解散が決議された．その結果，社債保有者に£33,509.5.7.が返還されたが，その時の負債額は£66,045.10.6.であり，大部分ローン資本であったと記録されている[12]．株主が受け取ったのは1ポンドの出資額に対し僅か2ペンスであった．

註
(1) 1907年に登記，96,000ミュールと20,000リング紡機を所有し，1930年代にL.C.C.が吸収した
(2) ショウに位置して1907年に登記され，96,000紡錘で8～32番手の撚糸を生産し，アメリカ綿を使用．
(3) 資産再評価は企業再組織（reorganization）とも称されるが，この問題の解明は別稿で行われる．一言で言えば，大戦中の物価高のため貸借表の総資産価値の上昇を受けて，資本金を2倍以上に再評価されることが行われた．この時経営者と株主は殆ど交替したのである．
(4) 資産再評価を行った企業は20年代から倒産を始めるが，この業界の不況を救助せんとした試みこそL.C.C.であり，1929年の生誕であった．当社に関しては取締役会議事録を利用した拙稿「イギリス紡績企業の経営資料をよむ」一橋大学『商学研究』Vol.33，1992年，3～194を参照されたい．
(5) 取締役の職業は技師，会計士，工場監督，弁護士等であった．
(6) 7名の取締役中6名は1920年においても取締役であった．一般に紡績業者や建設業者が創業時に取締役の地位を占めることが往々あった．このような場合，操業が始まって機械や建設費の支払いが終わると，設立と関係した取締役は好況期に株式を売却して企業との関わりを絶つことが多かった．
(7) その他定款は20株以下の名義変更を禁じ（19条），取締役の年報酬は総額で£500.0.0.（83条）と規定していた．取締役は持株が£1,250.0.0.（250株）以下であってはならない（79条）と決められた．
(8) かなりの株主が工場のあったショウに居住していたことになる．
(9) J.Buntingに関しては *Bussiness Biography*, vol.1, pp.506-9を参照のこと．
(10) *Tattersall's Cotton trade Review*, 1923を検討すると前年の配当は既に無配になって

いた．この時，約120企業のうち配当が出来たのは30数社に過ぎなかったが，当社のように資本金に変化がなかった企業は30％，1923年まで約3社に1社が配当をすることが出来たのである．
(11) これは推定であるが，それ以前の法廷に整理計画（Schedule of Arrangement）が作成されていれば，この決定に従って資産が処理された．社債保有者は清算後処理し返却されたが株主は全く受け取らなかったのであろう．
(12) ローン資本がどのように処理されたかは興味ある問題である．実際紡績企業のローンは経営不振の場合でも引き上げられなかった．当社の負債がローン資金であることが正しければ，企業整理計画で社債はローンより優先的に処理された．ローンを返済できなくなった企業が倒産して整理計画が作成されたときローンホルダーへの対処が記録されている．

結　語

1907年と言えば，大戦前に訪れた最後の発起ブームの年であり，筆者が検討した400社以上の紡績企業の中で，この年に登記された紡績企業で，しかも資産再評価後の軌道まで知り得る企業を対象にしてライフヒストリーを訪ねたものである．小稿の中心的関心事は倒産が記録された時の負債に関わった記録である．企業登録局（Company Registration Office）に保存されたカンパニーファイルの最後に個々別々であるこの記録が留められている．

この負債の記録を提示して結語とすることにしよう．

企業名	負債及び倒産年度
Iris C.S.C.	負債不明，1928年以降．
Kent C.S.C.	整理計画作成後，自発的解散1939年3月23日．
Ram C.S.C.	ミドランド銀行に£23,785.5.3の負債，他に恐らく土地抵当による負債が£86,494.9.6であった．
Royton Ring C.S.C.	合計£92,788が社債保有者に返還された．
Orb C.S.C.	1920年以降の軌道は不明．
Rutland C.S.C.	1935年1月29日に解散決議，株主は£1.0.0株式に対し2ペンスを受け取ったに過ぎない．

以上であるが，Royton Ring C.S.C.のように£90,000以上の負債が返還された企業は全く例外であったと言えよう．ミュール紡機が支配的だったランカシャでリング紡機を稼働していたのは同社の競争力を示すものであったと言えようか．なお日本は早くからリング紡機中心であったことも付言しておきたい．

第8章　ランカシャ9紡績企業の解散時負債

はじめに

　小稿では前稿に引き続いて紡績企業の解散時負債，就中，金融負債に注目してその実態を中心に9企業の経営を明らかにしていきたい．

　ところで再び屋上屋を架すことになるが，資産再評価に関する1919～1920年の問題は既に拙著『東西繊維経営史』（同文舘出版，1996年）の中でも説明しているが，再論すれば第1次大戦が長引くに連れ，物価上昇が持続して，企業の総資産額が数10％上昇した．紡績経営においても今までの必要資本量が物価騰貴により次第に増大した結果，遂には新しい資本金の下で再発足するという方法が採用されたのであった．

　しかし，小稿でもそのプロセスそのものを分析の対象とすることはせず，企業の解散と新資本金での再発足時の事情の記述を継続して行うことにする．

　なお以下においても註（1）と（2）は Duncan Gurr & Julian Hunt 著の *The Cotton Mills of Oldham*, 1985 の記述により当該企業の歴史を記述し，(2) においては *Directory of Cotton Spinners*, 1914 を利用して所有紡錘数，製造番手種目，使用綿花等を記述する．しかし(1)には私企業の場合必ずしも企業の沿革が記録されておらず，その場合は記録なしと記述しておくこととする．

1) プレストン（Preston C.S.C. and Manuf C.）[1] 1875年登記[2]，資本金 £100,000

　この企業は細番手生産地域として広く知られたプレストンに建設された．定款にはこの地でもオルダム企業の影響が読み取れる．取締役はプレストンに在住した者が3名で，残りはアシュトンとサウスポート等の住民であった[3]．創業時の取締役の持ち株数は記録されていない[4]．株主数は489名という記録があり，彼等の大多数は小株主であった．

　翌1876年9月9日に £50,000 の増資が承認された．12月15日には土地抵当と社債で資金を取得する件が承認されている[5]．同じ年に取締役の必要持株数が50株から20株へと変更された[6]．その時払い込み金額は £4.0.0. であり，

£49,880.0.0.が払い込まれていた[7].

1880年20,000株への応募は100％に達せず[8], 12,470株の発行が記録されていた[9].

1886年2月26日, 減資（lost capital）の記録が残っている. その時発行株式は12,470株であったから, 申し込みは全く進んでいなかったのである[10]. 払い込み金額は£49,880.0.0.であったが, £5.0.0.つまり100％払い込みの株式を£3.0.0.の払い込みとして減資を行った[11]. 資産の消滅分を調整したのであろう. 1901年の取締役は5名がプレストンに在住していたが, 職業は多様であった[12]. 1905年に定款が改正されている[13].

当社は1919～20年に行われた資産再評価を実施せずに見送った[14].

1929年にミドランド銀行を相手に£5,255.2.3.を入手しているが, 細目の記録はない. 翌1939年5月10日に当社はLancashire Cotton Corporation（以下L.C.C.と略称）への売却が決定されたと記録されている[15].

註
(1) 記録なし.
(2) 1874年に登記され, 30,000ミュールと19,000リングを所有して20～52番手の横糸と20～40番手の撚糸を生産する.
(3) 10株所有者は投票権が1票であり, 100株以上でも最高10票しか投票できない. 取締役の資格は最低50株所有すること（63条）.
(4) このように取締役の持株数の記録がないのである. これは発起人の7名が取締役に就任するのが通常であったが, 持株数を決定していなかったのかも知れない.
(5) 行使する権利を先に株主総会で承認を得ておいたものと考えられる. 総会の承認は投票が必要であったからあらかじめ取締役が行使できる権利を得ておくということが往々行われたのである.
(6) それまで50株を必要としたが, それが20株に変更された. 売却を希望する取締役が多かったのであろうか.
(7) 発足時の取締役の持株数が不明であるが, 大株主が後から取締役に就任したと考えられるのである.
(8) 未だ100％の申し込みに達していないが, このような事態はブーム期を別とすれば常態であった. ローンにより資金を調達していたのであろう.
(9) これは業績不振を思わせる記録である.

(10) 以前の記録から申し込みが全く進んでいないのは正常ではない．
(11) これはよく当時行われた償却が進行した部分を株主に返却する減資ではなく，資産の消滅による減資である．
(12) 綿糸販売者，土地評価人，競売人技師，管理人等，なおこの時にも持株数の記録はない．
(13) 5株までは1株1票，それ以上の株主は5株に対し1票を加算する．取締役は20株以上を所有すること（71条）．
(14) この記録は1920年以前の業績不振で資産再評価が出来ない程，体力がなかったのではないかという推察を生むものである．
(15) L.C.C.は1929年紡績企業の大合同として発足したが，この記録に関しては筆者がオルダムへロン紡績工場に所蔵されている資料に基づいて執筆した「イギリス巨大紡績企業の経営史料を読む（1）」一橋大学『商学研究』33号，3～194頁を参照されたい．

2) トング・ヴァリ（Tong Valley C.S.C.）[1] 1875年5月8日登記[2]，資本金 £70,000 £5株式14,000株

このオルダムに位置した紡績企業は最初の発起ブームの最後の年である1875年に登記されている．この企業は1919～20年に資産の再評価に手を出さずにこの嵐を切り抜けたから寿命も長かろうと予想されるが，1920年代の不況中に解散ということになってしまった．

登記の時点では投票数は20票が最高であるので，他企業と大同小異と言えよう[3]．しかし取締役が200～500株を所有している点がこの時期としては異色であり，全体の20％近くの株式を取締役が所有していた[4]．取締役の職業は紡績業者，染色業者，絹製造業者等で構成されていた．登記の年の株主数は60名と記録されている．その年の7月12日の株式申込み数は僅か3,000株であり，株主は60名であった．1882年5月26日には5,269株の申込みと記録されている．1885年6月13日には若干増加して8,706株の発行であった．この状態は1900年まで大きく変化していない[5]．19世紀末，他企業と同様定款が改正されている．

1920年までに優先株が発行されており，1920年の取締役は両種の株式をほぼ500株所有していた[6]．

この企業は資産再評価をしなかったから資本金は発足時と同様であった．

1926年に新定款が発布されて、内容が一新されている[7]．この時初めて専務（Managing Director）の職務が導入された（3～6条）．この企業は資産再評価に走らなかったのは幸運であったが、1926年2月4日には減資に追い込まれたらしい．そして1927年9月15日に解散が決議され、L.C.C.に吸収されることになった．ちなみに1925年の株主数は優先株の所有者をも含めて98名と記録されている[8]．

註
(1) 記録なし．
(2) 記録なし．
(3) 定款は1株1票、10株毎に1票追加され、最高20票である．
(4) 取締役全体で2,300株を所有し、全株式の15％を所有していた．
(5) 1873～5年の発起ブームによる過剰生産から回復していないことを語っている．紡績企業は当時業績が話題になったので、一度業績不振が知られると回復の契機を捕えられないことが多かったのである．
(6) 設立時の取締役はこの時まで残っておらず、1920年の取締役の持ち株数は設立時と比較すると減少し、100～300株程度であった．優先株が以前に発行され、取締役は80～310株の優先株を所有していた．これは業績がよくなかったことを提示すると言えよう．
(7) 1株1票となり（第65条）、取締役の報酬各人年£100.0.0.（第8条）、取締役の必要持ち株数50株（第80条）、取締役数2～5名（第77条）であり、この時から当社は4名しか取締役を置かなかった．
(8) つまり、優先株だけを所有する株主がいたのである．当社は1927年9月15日に解散を決議し、L.C.C.への吸収が決定された．

3) ヴァーノン（Vernon C.S.C.）[1] 1881年2年9月登記[2]，資本金£70,000

この企業は細番手生産で広く知られたストックポートに出生した．当初記録された取締役は一律に100株を所有し、糸製造業者だけが200株を所有した[3]．同年6月20日付記録はその時の申し込み株式6,620株、株主数656名に達していた．1886年2月20日、つまり、5年後の記録は、14,000株の株式と16,000株の新株が記録され、前者は£2.10.0.の払い込みで後者は£1.0.0.の払い込みを提示している[4]．合計30,000株の株式払い込み合計は£75,000であった．1901年

の取締役は645から100株を所有していたのだが，このうち創業時からの取締役は1名しか残っていない．株主の持株が増大していた[5]，1903年2月25日に近代的ミル第2工場の建設が承認された[6]．

1904年土地を抵当に入れて£17,500が借入された[7]．1910年2月22日，新定款が決議された[8]．

1912年8月1日，£25,000を土地抵当により借入され，ストックポートの紡績業者が貸主であった[9]．翌1913年7月19日に更に£10,000が土地抵当により借入された．貸主は前者に1名加わり，当時の紡績業者であった．1914年の取締役は150株から798株を所有したが，当初の取締役は顔ぶれを一新していた[10]．その時株主数は440名を数えていた．1919年解散直前の土地抵当は£33,750に達していた[11]．1920年2月9日に解散が決議された．

1920年4月16日に当企業は£1.0.0.の株式を600,000株発行として登記された[12]．取締役は25,000株を所有する大株主を中心として10,000株以上を所有し，彼等によって13.8%が保有されていた．この企業の購入価格は£807,000と記録されている．株主は1,500名程の大世帯であった[13]．

1926年1月19日に定款の改正を行ったが，業績は刻一刻と悪化し，年内に整理案が作成された．

この企業は1930年に解散したらしい．負債額は£322,992に達し，そのうちディストリクト銀行に対して£30,976を借入しており，大口貸主としてAlexsander Eccles & Co.から£117,328が記録されている．当社はL.C.C.に売却された[14]．

註
(1) 記録なし．
(2) 96,000紡錘を所有し，40～60番手の撚糸と40～80番手の撚糸を生産し，エジプト綿を原料とする．
(3) 取締役は綿糸製造業者2名，金工業者2名，紡績業者から構成されていた．
(4) 恐らく小株主中心であったろう．なお定款は取締役の必要持株100株（74条），従って資本金は£150,000ということになろう．1886年2月20日の記録によれば，£70,000の最初の株式は£2.10.0.の払込みに対して£80,000の新株に対しては

第 8 章　ランカシャ 9 紡績企業の解散時負債　　207

　　　£1.10.0の払い込みを示した.
(5) ここから資本金は£150,000と大型化したことが解る. 1891年の記録によれば30,000株の払い込みは£75,000と記録されており, £2.10.0合計£75,000が既に払い込まれていた.
(6) 1903年 2 月25日の特別決議により承認されている.
(7) 1904年 9 月14日取締役が 2 名追加された.
(8) 新定款は今まで年£250.0.0.であった. 取締役年報酬（全額で）を£350.0.0.に引き上げられた.
(9) 貸主か紡績業者であれば, 土地抵当によりというのは正しくはないのかも知れない.
(10) それ以前, 1910年 2 月22日に定款が改正され, 取締役の条件が140株（£200.0.0.）所有とされ, 1 株 1 票が明記された. 取締役は 5 ～ 7 名で（75条）, 報酬は各自年£70.0.0.（少なくとも）, また102条は地域管理者（local manager）を置くことを承認している（102条）.
(11) この土地抵当は徐々に多額に達したが, そのプロセスについては分からない.
(12) 新定款は取締役必要株数を2,000株（84条）, 発足条件は資本金の10％の申し込み（第 5 条）等を決定している. 取締役の年報酬は£500.0.0.（8 条）であり, 取締役を職員として雇用すること, 専務の設置（95条）を可能とした.
(13) この中で取締役は25,000株から18,000株を所有し, ストックポート在住者が 2 名であったが, 取締役の数は 3 ～ 7 名であり, 最初 7 名は存在しなかったらしい. この時取締役の持ち株数が2,000株から1,000株に改められた. 整理計画が作成されたのは解散後の処理について決定されたのである.
(14) L.C.C.への売却に当たっては色々な条件がその時決定されたのであるが, これは資料に記録されていない. このLancashire Cotton Corporationの歴史については小稿「イギリス巨大紡績企業の経営史料を読む（1）」一橋大学『商学研究』33号, 3 ～194頁を参照されたい.

4) ロッチデイル（Rochdale C.S.C.）[1] 1884年登記[2], 資本金£100,000

　ロッチデイルに位置した当企業の定款の 4 条には, 紡績或いは他の繊維を作り, 販売すると記入され, £5.0.0.株式20,000株から形成されていた[3]. つまり当時としては大型資本金で構成されていた[4]. 定款はオルダムの一般習慣に従っており, 株主の権利その他が詳細に記録されている. 取締役に対しては最低25株所有, 455株まで最高10票所有の権利が記録されている[5]. 同年 6 月に最初の株主総会が開かれ, 株式の申込み数は12,666株で株主618名を数えたので

あった．その時最初の発起人7名が取締役に就いたものと考えられ[6]，その取締役の年報酬は4分の1期で£35.0.0.等が決定された．取締役は夫々100株を所有し，当時としては大株主ともいえよう．別に1,000株を所有した株主がいたが，操業後に株式を売却している．

5年後の1889年，取締役も記録されている．記録によれば，発行株式12,666株，株主は667名を記録している[7]．大株主に変化があったとは思われない．1894年の記録では発行株数14,000，大株主は姿を消しており，株式の処分は見られない訳ではない．その時の最高株主は545株の所有者であった．1894, 1899年とも発行株数は14,000株であった[8]．20世紀に入ってからも大株主として協同組合の名が記録されている．株主数は創業から一貫して減少が続いていたが，20世紀初頭でも306名を数えており，その時の最高株主は400株を所有する協同組合であった[9]．1918年の株主総会の記事によれば最大株主は400株を所有し，これも協同組合の所有であった．当社は1920年に解散している．

当社が1920年1月9日に再登記された時，その資本金は£220,000であった[10]．新定款は新規に株式割り当てを行うには，株式の75％の申し込みを必要とする等の規定が記載されていた[11]．取締役はストックポートが2名，その他ロッジデイル2名，ミドルトンなどの在住者から構成されており，全部で15％の株式を所有した．

当社は以降の記録が空白であり，1930年の取締役の持株が分かる程度である．

1935年1月18日，解散が決定され，2月19日に執行された．残された資産の内容は銀行預金として£5,714.14.8が記録されている他に，配当として株主に1株当たり£0.8.14が支払われ，全部で£5,480.18.8に達した[12]．これに対して株主が払い込んだ部分は£1.0.0.株式に対して17シリングであった[13]．

註
(1) 記録なし．
(2) 86,000紡機を所有して20番手綿糸を生産し，アメリカ綿を原料として使用した．
(3) 有名な協同組合発祥の地でオルダムとマンチェスターの中間に位置している．
(4) 当時は平均的資本金は£70,000程度であり，20世紀初頭の新設ブームが£80,000

であったから£100,000.0.0.の資本金は大型と言えるだろう.
(5) これは持株数に関わらず10票以上は投票権を持たないと言うことである.
(6) 株主名簿の先頭7名が普通は取締役であった.株数から判断しなければならない例も時にはある.
(7) 株主が多数の割りには発行株式が少ないのは,協同組合のように少数株主が圧倒的多数を占めていたのであろう.
(8) この時期は新規紡績企業の発起が見られたが,景気が決定的に好転する時期には達していなかったので株式申込みも停滞している.
(9) 協同組合発祥の地の伝統がここにも読み取られる.
(10) 2.2倍の資産再評価であり,再評価をした企業の平均的資本金と言えよう.
(11) この75%という数字は高い方であり,大部分それ以下で発足条件を満たすとしていた.
(12) 銀行預金として残されたものがあり,株主に配当まで行ったという例は珍しい.
(13) 新株式は£1.0.0.の額面であったであろう.これがどの程度支払い請求されていたかを記録に沿って£0.15.0と推定すると,そのうち8シリング14ペンスが株主に返還されたということで,まずまずの結末であった.株主の中で払込みに応じなかったものも相当あったであろうが,それについては記録されていない.£0.17.0の払い込み請求はこれ以上は無理と経営陣が判断したからであろう.倒産の時期には未払い株式部分が必ず増加するものである.

5) ミネルバ(Minerva C.S.C.)[1] 資本金£80,000, £5株式16,000株[2]

当企業は1891年に登記され,アシュトンに位置していた[3].£80,000という資本金も当時最も一般的となっていた[4].定款は取締役が最低150株を所有することを規定していたが(81条),その要求通り,アシュトン所在の取締役は4名が150株を所有していた[5].当初株主は394名が記録されているが,恐らくその後,大口株主を勧誘したのであろう.1,000〜2,000株所有の大株主が記録されており,4名で5,000株以上を所有した.従って30%以上の株式が彼等により所有されることになったのである[6].

1906年株式は£2.0.0.の払込みであったが,発行数は14,400株であった[7].その年,土地抵当(mortgage)で£14,000が入手された[8].1919年の株主数は171名に増加していた.1919年取締役の6名が辞任し,新取締役と交替した後1920年1月30日に解散が決議された[9].

1920年3月31日にアシュトン在住の当社が再登記を果たした時，その資本金は£200,000であったから，旧資本金の2.5倍となっていた．新取締役のうち，アシュトン在住者の1人は5,100株を所有したことが記録されているのみであった．

最初に記録されているのは4名の取締役であるが，後から大口投資家2名が参加し，これで全株主の7.2％が取締役によって所有されることになった．当社の購入価格は£149,600であり，旧取締役に功労金として£8,000が「現金で」支払われた，と記録されている．

1927年に社債を£10,000ずつ3回に亘って発行したので，合計額は£30,000となった．清算人により整理計画が作成された後，1930年5月26日に清算が決定された．その時の負債額は£94,537.0.0.であり，ミドランド銀行に対する負債が最高で£24,775であり，その他は原綿購入費が中心であり，金額は£10,297.0.0.に達していた．

註
(1) 記録なし．
(2) 50,256ミュール紡機と43～572ミュール紡機で34～46番手と30～38番手撚糸を生産し，アメリカ綿を原料とする．
(3) アシュトンはCastle C.S.C.等古い大型企業と非公開企業が存在した村落であった．その他Ashton Brothersが位置していた．
(4) 20世紀初頭から1907年の登記ブームはこれが最後になったが，80％程が資本金£80,000で発足したのである．
(5) 発足時の株主数は94名が記録されていたが，発行株数は13,824株であり，16,000株には達していなかった．
(6) 1,050株から2,000株の所有者が4名おり，彼等は原綿仲買人や販売業者，紡績関連業者であり，紡績で生計を得ている者であった．
(7) これで申し込み株式が100％になった．
(8) この時払い込み資金は£28,800を示している．この土地抵当の利率は記録されていない．
(9) ところでこの解散直前の取締役の交替は，時々に見られるが，これは資産再評価の際に功労金の贈与（一人当り，£1,000ほど）を交替した新取締役に与えたのであり，彼等が解散まで旧株主の株式売却に功労があったからであろう．

6) キャスル (Castle C.S.C.)[1] 1891年2月26日登記[2], 資本金£100,000

　当企業はスタリーブリッジに建設された企業であり，当時として資本金は大型であった[3]．定款を検討すると1873～5年頃のありかたが影を落としている[4]．同年7月9日の記録で株主226名が記録されており，取締役は400～1,000株を所有し，綿花商人が中心であり，300株以上の所有者には1,000株を所有するマンチェスターやリヴァプールの商人が記録されていた．それが1901年の取締役となると100株から600株の所有として記録されている．19世紀に入っても取締役は当村スタリーブリッジ在住の者が中心であった[5]．当社の記録で極めて興味ある点は取締役の取締役会への出席記録が残されている点である．例えば1908年1～6月には取締役会は25回開催されたが，1910年後半期には各取締役の出席回数について，Riggard 20, 21, Wath 17, 22, Hibbert 20, 19, Frentem 20, 19, Leach 23, 23回等と詳細に記録が残されており，出席は極めて規律正しく持続されていた[6]．このような記録自体が当社の取締役会の内容の濃密さを示すものと言えよう[7]．1920年3月12日，当社は解散を決議した．

　当社は資産再評価を終えて1920年4月9日に資本金£350,000として登記されている．新定款では再発足の条件を僅か10％の新株申し込みと規定したが[8]，取締役は当社が立地したアシュトンから2名が参加しており，4,339株から7,669株を所有する取締役が4名，全株式の7％程度が彼等によって所有されることになった．その後2,000株から7,350株を所有する，綿糸商人および紡績業者の2名が取締役会に追加されて，ここに定款の上限である7名の取締役をそろえることが出来た[9]．

　当社は1923年6月7日にManchester & Liverpool District Bankから土地を抵当にして資金を導入したが，金額と利子については記入がない[10]．

　当社は解散についての記録がない．分かっていることはL.C.C.が当社を吸収したということである．1929年に当社が形成された時に吸収企業についての一般的条件が決定済みであり，Castleの株主から未払株の取立てを行ない，負債担保付物件£1,878.0.0., 社債£162,884.0.0., 無担保負債£40,694.0.0.,

全負債£66,772のうち取り立てた£50,000は夫々£25,000が銀行と他の債権者に支払われたのであった．この旧株主に対する支払い（株主の未払い部分）取立て請求は極めて厳格であったらしく，支払い請求に対する集金記録と銀行への返済記録が£275.0.0から£6,750.0.0.に亘って10数回記録されており，この合計が£25,000.0.0.になるまで毎月銀行に返済したのではないかと推定されるのである．もし倒産企業の株式未払い部分の取立てが同様に執行されていたら1919～20年のブーム期に株式を購入した株主の悲哀が伝わってくるであろう(11)．

註
(1) Hather shawと呼ばれ，1889年に登記され77,424紡機を所有した．1935年に生産を停止した．
(2) 1891年に登記され，資本金£100,000でスタリーブリッジに位置した大型企業．
(3) 19世紀末の最後の紡績企業登記ブームでは資本金£80,000.0.0.というのが通常であったから，£100,000という資本金は常識を破ったとも言えるであろう．
(4) 19世紀末の定款改正により1株1票となるのであったが，当初からそれが明記されている．定款には上限が10票であり，それ以上は株数に関わりなく1票であった．オルダムの定款の影響をここに読み取ることが出来よう．
(5) カード系製造業者とかリヴァプールの綿花ブローカーが1,600株，他にマンチェスターの商人が1,000株を所有した．その他には目立った大株主は記録されていない．大株主は恐らく参加を要請されてから加わったのであろう．紡績企業では往々発起人とは別に大株主として発起後登場する者が記録されている．
(6) 登記時の取締役は多くが操業と共に株式を処分して企業から離れていった．彼等はスタリーブリッジに居住したが，株式は50～100株を所有しただけであり，1914年も株主であり続けた．確かにこの企業は当地に根づいた企業と言えよう．
(7) この期間何回取締役会が開かれ，何名の取締役が出席したかが記録されている．このような記録がどの紡績企業でも行われていたかは全く不明であるが，当企業が極めて綿密な経営を行っていたであろうことは推察出来よう．というのはこの時代は取締役は数社を兼職していたので，当取締役会に規律的に出席することは容易ではなかったであろう．
(8) これは不明なのだが，新会社が事業に手がけるための株式申込割合で10％とは極めて低い割合で発足を許可したものであり，普通50％位の申し込みがあった時点で割り当てが始められた．定款には10％から70％まで様々な要求をしている．
(9) この資産再評価後上場した企業では，全株式の20～30％を取締役が保有したこと

が知られている．ブームの最中であるから，前途を楽観視していた株主は大量の株を所有し，また初めて投資に参加したという大衆も加わっていたのであろう．このような熱気は1年も持たず消えてしまったのであった．
(10) 原綿購入のための企業の運転資本は当然手形の振り出しを銀行で割引していてもらっているのであるから，これを支払えないと銀行への負債に入ることになる．
(11) これは詳細な記録として稀なものであるが，整理案（Schedule of Arrangement）に従って行われた記録であろう．負債の返却が10数回に亘って行われているのは整理案（あるいは再建案）の存在を思わせるものである．

7）ブライアフィールド（Brierfield C.S.C.）[1] 1904年11月4日登記，資本金£100,000

当社は私企業として発足したにも拘らず記録が詳しい企業である．一般的に言って，私企業は日本の紡績企業の中にも紡錘数を多数所有しながら，資本を公開していない近藤紡や都築紡のようなものが存在するが，事情はランカシャでも同様であった．この種の企業は配当の必要がないため，株主の声を気にせず経営者は職員程度の給与を支出出来れば長い生命を持続することが出来たのであった[2]．この企業をその例として以下においてそのライフ・ヒストリーを考察しておこう．

当社が発起されたのは最後の企業新設ブームの最中であったが，それが新設企業であったか否かは記録されていない．資本金£100,000は£1.0.0.の普通株式50,000株と同額面の£1.0.0.の優先株式によって成立していた[3]．普通株式と優先株式は100％支払い済みとされており，現金支払いと記録されているから，利潤を積み立てられたものを充当したものであろう[4]．それは積立金£30,652の社内留保金と支払い請求による£69,388.0.0.により，£100,000の資本金として形成されていると考えられよう．

当社については1908年から損益記録が残されている[5]．その一覧は以下の通りである．

年度	損益	年度	損益
1908年	（£）2,929	1925年	29,671
1909	5,682	1926	-976

年度	損益	年度	損益
1910	9,351	1927	3,220
1911	3,987	1928	-14,832
1912	14,521	1929	-52,565
1913	12,097	1930	-65,824
1914	-3,584	1931	-75,408
1915	6,318	1932	-75,255
1916	5,998	1933	-63,659
1917	19,125	1934	-65,824
1918	35,281	1935	-75,408
1919	45,209	1936	-75,255
1920	64,871	1937	-65,404
1921	11,597		ここから復配 2.5%
1922	3,570	1938	53,372
1923	-6,976	1939	51,324
1924	-16,935	1940	35,324

以上1947年まで損益が記録されているから，第2次大戦後まで当企業は生存したということになる(6)．

註

(1) 記録なし．
(2) 当社も Company Registration Office で偶然入手した資料である．非公開企業でなかったから生命は長かった．
(3) 推定としては，最後の企業設立ブームで生まれた株式額面£1.0.0.というのは1920年以降を先取りしたものであった．因みに当時は額面£5.0.0.の株式により成立していた．優先株式は恐らく以前に発行したものであろうがその背景については分からない．
(4) 記録によれば，優先株，普通株共に100％の支払いとなっていた．そのうち£30,652が支払いによると記録されているのは同族が支払ったのかも知れない．
(5) 株式を公開していないから，従業員への給料と賃金が支払えれば操業を続けることが出来た．1928年以降赤字が続いているのは不況の深刻さを物語っている．1938

第8章　ランカシャ9紡績企業の解散時負債　　　215

年から事態が変化した.
(6) 当社の結末は記録がないので分からない.

8) リージェント・ミル (Regent Mill)[1] 1905年7月25日登記[2], 資本金£80,000

　当社は紡績企業の集中したフェイルズワースに位置して, 最後の紡績企業設立ブームの最盛期に登記された. 資本金はこの期のブームで£80,000であった. 定款によれば, 取締役3〜7名の必要持株は各自250株 (85条) と明記されていたが, 株主名簿によれば多くが500株を所有していた[3]. 取締役の中には建設業者, 原綿仲買人, 設計業者等がおり[4], 1919年の解散の年には, 取締役は11月14日に650,800, 1,503, 3,095株を所有し, 全体で30％以上の株式を集中的に所有していた[5]. 更にオルダムの仲買人が1907年1月11日に1,310株を新規に買い集めた.

　企業は1907年8月30日に土地抵当を設立し, 金額は£24,000であったが, 条件は記録がない. 1910年10月14日に「あらゆる負債はミドランド銀行からの借入である.」と記録され, 負債合計£28,493.13.11.であったので, これに抵当借入金を加えると£52,493.13.11.に達していた[6]. 1919年5月8日の記録は株主数が105名で, 株式発行は16,000株が100％発行されていた. その時臨時株主総会で再出発した時, 企業名を New Regent Mill と改名することを決定している.

　New Regent Mill は1919年10月23日の解散後, 2週間程後に再登記された. 新資本金は£200,000であった. 定款は最低割り当て£1,000 (200株), 名義書替え請求最低50株 (20条), 取締役の必要持株数1,000株 (78条), 年報酬は各取締役に£200 (81条) とされた. なお83条で取締役は専務 (Managing Director) 以外にはつけぬポストと明記したのは, 当然監査役を念頭にしたものである. ちなみに新会社の取締役の持株数は断片的な記録しかない[7].

　当社は1922年4月6日に, ミドランド銀行と取り引き契約を再確認して抵当権も確認された[8]. 当企業についてはその後の資料が乏しい. 20年代の取締役は石炭商人など商人中心で構成されていた[9]. 1932年に解散した時の資産は

£26,370.8.7.と記録されているが，その配分に関する資料は残存していない[10].

註
(1) 60,000錘のリング紡機を所有する企業で，1905年登記され，1930年にL.C.C.により吸収され，1936年操業を中止した．
(2) 80,000錘を所有して，30〜40番手撚糸を生産し，アメリカ綿を使用した．
(3) 恐らく後から取締役として参加したのであろう．出納係りのDaniel Satcliffeは1,175株を所有し，原綿仲買人Mayall Turnerは2,000株を所有した．このように巨大株主が参加することにより当社の株主論議は一変したのであった．
(4) 他に600株を所有する建設業者と1,500株を所有する設計業者が後から記録されたが，施設の納入業者として上場建設が話題になる過程で大株主となったのである．
(5) 大部株式を処分しているが売り逃げはしていない．
(6) これは1916年という年が記入されているが，月日は分からない．
(7) 再組織（reorganization）によって生まれた企業の取締役は，時に大部遅れて株数が記録されている．当社の場合34,220，10,000，9,700株を所有する3名が全株式の30％を支配していた．
(8) 「今および今後期日が来る全ての金額はミドランド銀行が引き受ける.」
(9) 綿花商，石炭商，無職の取締役が僅か500〜1,000株を所有しているに過ぎないので，発足時の大株主は皆安値で株式を処分したのであろう．
(10) 清算人報告書は資産の処分報告を明らかにしたはずであるが，資料を発見出来なかった．

9） マナ（Manor C.S.C）[1] 1906年3月2日登記[2]，資本金£80,000.

この時期に発起された紡績企業の資本金として横並びの£80,000.0.0.の資本金で出発した[3]．1906年といえばランカシャ最後の発起ブームも終息局面に差しかかっていたのである[4]．取締役はオルダム，ホリンウッド，リーズ等の住民がその地位に就いており，夫々800株を登記したが，唯1人1,000株を所有したオルダムのHenry Chadwickは著名な紡績業者として広く知られた存在であった．

同年5月1日の発足後の記録によると，株主数は比較的少なく51名であり，登記の翌年10月1日に£20,000を土地抵当により取得したことが記録されている[5]．その後払込みは次第に進み，1909年に1株£1.0.0.であったものが，1912年には£1.12.6.で払込金総額£25,718.15.0.，1919年には£1.15.0.で払込

金額£28,000.0.0.と増加していた(6). 発足時に依存していた土地抵当による借入金は1919年には£8,000.0.0.にまで減少している. 1919年の取締役2名が未だその地位にあったが, その1人のHammersleyは当初の所有株800株を2,245株にまで買い増していた. その時, 取締役全体で全株式の30％以上を所有していたのであるから, 株式の集中が進行していたのである(7). 当社は1919年4月30日に解散決議を行ったが, その頃株式の売買が盛んに行われ, 株主の名義変更が活発に行われていたことが分かる(8)

当社が解散を経た後, 1920年1月5日に再登記された時, £1.0.0.の株式200,000株からなる£200,000の資本金の会社として出発した. これは, 解散前の2.5倍の資本金として再登場したということになる(9). 新取締役はオルダム, ロイトン, ショウ(10)から夫々2名が参加し, 綿糸商人1名を除けば他は全て紡績業者として記録されている.

当社の記録によれば, 745名という多数の株主から新株の申込みがあり, 50％の£0.10.0.が払い込まれ, これが£100,000, それに株式申込みに際し, プレミアムを要求したらしく£25,000.0.0.が別収入として記録された他, Loanデポジットとして£14,436.10.6.の記録がある(11). その時£2,312.0.7.の引出しがあったらしい. 予備的準備金の£2,500.0.0.はこれを越えることはなかったと記録されている.

当社はその後の不況過程で株主に支払い請求を強化して行ったのであろう. 1935年2月6日の記録によれば, その時£1.0.0.株式は£178,548.17.5.が払い込まれたが, 結局当企業は同年12月6日に自発的解散を決議したのであった(12). その時全負債金額£108,963.13.5.のうちディストリクト銀行に対して£40,714.10.11.Stonehouseトラストに対して£23,790.4.0.が借財であった. その他2名の個人に対し£2,000～4,000の借財が記録されている.

註
(1) 1906年Manor Millとして登記され, 91,136紡機を所有した. 1932年操業を中止した.
(2) 1906年に登記され, オルダムに位置し, 91,136紡機で44～80番手の撚糸と50～90

番手の横糸を生産し，エジプト綿を使用した．
(3) 30％程の企業は£100,000の資本金を登記したが，この登記の基準となったものが経営者にとって何であったかは全く資料的に解明できない．また資料も保存されていない．
(4) 発起ブームは19世紀末から徐々に盛り上がり，1907年に頂点を迎えることになった．それ以降1914年まで発起された企業は稀であった．
(5) 発足後土地抵当で資金を得るのも一般的であったが，利子等は稀にしか記録されていないし，土地の所在地については全く解らない．
(6) 払込請求は普通£0.5.0.から始まり£2.50.0.，つまり50％以上を払込請求することは稀で後はローンに依存するというのが慣行であった．
(7) 恐らく業績が順調であったのだろう．取締役の行為がそれを予想させる．
(8) これはどこの企業でも時々見られた現象で，時には取締役が株式を売却することがあった．
(9) 資産再評価後の株式額面は£1.0.0.が多かったが，これは大衆が申込みし易いようにしたと解せられる．
(10) この地域は紡績企業が集中した地域であった．
(11) 新定款には往々プレミアムを要求できるという項目があったが，これは多くはなかった．資産再評価の際のローンの動きは面白い問題であるが，まず明らかにならない．
(12) 恐らく株主は100％の支払いを要求されていたであろう．£200,000の払い込み金額との差は支払いに応じなかった株主が相当いたことを物語っている．

結　語

以上，ランカシャ9紡績企業の解散時負債の実態を見たが，とりわけ9企業中4企業がLancashire Cotton Corporation（L.C.C.）に吸収されたという点は注目される．最後に9企業の倒産年度と負債内容を提示して結びとしたい．

企業名	登記年度	倒産年度	負債内容
Preston	1875年	1939年5月10日	L.C.C.に売却された
Tong Valley	1875年5月8日	1927年9月15日	L.C.C.に吸収された
Vernon	1881年2月9日	1930年	L.C.C.に売却されたが，負債額£322,922.0.0.

第8章　ランカシャ9紡績企業の解散時負債

Rochdale	1884	1935年1月18日	1株当り£0.8.14.が支払われた
Minerva	1891年	1930年5月26日	負債£94,537.0.0.ミドランド銀行
Castle	1891年2月26日	1920年代後半	L.C.C.が吸収
Brierfield	1904年11月4日	詳細不明	詳細不明
Regent	1905年7月25日	1932年	負債£26,370.8.7.ミドランド銀行
Manor	1906年3月3日	1935年12月6日	負債£108,963.13.5.ディストリクト銀行

あ と が き

　歴史研究を志して以来，私は多くの方々の学恩を享受してきた．前著でも感謝を表す機会があったのでいちいち御名を挙げることを控えたいが，ここで改めて諸先生，先学に対し心から御礼を申し上げたい．

　さて，顧みれば，筆者は2度目の胸を患って在学した高校時代の4年間は，毎日図書館で総合雑誌と社会科学の書物ばかり読んでいたが，『河合栄治郎著作集』を通じイギリス労働党に興味を抱いて，その時代ばかりに気を取られていた．ついでながら，その頃安藤英治先生に「一般社会」を教えて頂き先生をチューターに読書会を開いたりして，ヴェーバーは耳に蛸が出来るくらい聞かされたが，大塚久雄先生の名はついぞ聞かなかったのである．実はそれは決して偶然ではなく，その時期に先生は第2回目の胸部の手術をされ，ちょうど体を壊されていた時期だったからである．従って東大関係者以外には遠い存在だったわけである．

　こんな状況の中で私は歴史を選考すると決心した時，何の躊躇もなく上原・増田両先生のおられる一橋大学を選んだ．大学に入学した翌年，東大山上会議所で「歴研」主催の研究会があり，私は厚顔にも，のこのこと出かけて行き，出席者は10名足らずだったような気がするが，その時発表されたのが岡田与好氏で，そこで私は初めて氏の精悍な風貌に接したのである．同じ時，向い側に席を取っていた氏と対象的なやや女性的な温かさのある学徒が，今にして思えば吉岡昭彦氏であった．この年から翌年にかけ，吉岡・岡田両氏の力作が刊行され，1954年10月に土地制度史学会で大塚先生が大会論題『封建制から資本制への移行』の「総論」を報告された．一緒に行った親友二宮宏之氏が丹念にノートを取っていたのを覚えているが，私は唯，誰もが指摘されるあの先生の噛んで含めるような話し方に聞き惚れていたわけである．その年の夏から私は既

にチャーター・ロールズ，パテント・ロールズなどから「市場開設特許状」の検出作業を始めており，先生の報告は，唯一人一橋にあってイギリス経済史と取り組んでいた私にとり，大変よい励みとなったことは言うまでもない．

　私の処女論文「中世イギリスにおける『農村市場』の成立」は大学院に入った年に発表したが大塚先生から過分なお褒めの返事を頂いた．勿論，見ず知らずの他大学の学生に対する儀礼も含まれていたことは確かである．先生のお宅を訪れたのはこの直後だった．それから大学院の5年間，私はしばしば先生のお宅を訪れ，的外れな質問をしたり，先生の直弟子の方には出来ないような単刀直入な批判を述べたりした．先生は驚くばかりに率直に答えて下さり，多くのお答が印象深く今も私の脳裏を離れずに生きている．今は唯このような私の暴挙に対し，厭な顔一つせず応じて下さった先生に感謝あるばかりである．実際，講義・ゼミに列することもなく，さりとて先生の著書が手垢に染まるまで読んだこともない私にとってなぜ先生がかくも大きな存在であるのかと問いつめてみると，結局は，先生の放たれるユニークな人間的魅力と求道者的生活態度という以外にないと思われる．私はいつもお体のご不自由な先生に差し障りがあったのではないかと少々後ろめたい気持ちで興奮を抑えきれずに家路に着くのだった．

　このような先生のお人柄に傾倒しながら，私はかつて一度たりとも先生のお考えに百パーセント同意したことはなかった．戦後派意識を強烈に持ち続けてきた私にとり，相手が誰であろうとそのようなことは全く想像も出来ないことであった．前記の拙稿においても「局地的市場圏」という表現は一度も使っていない．それは実証史家としてそう言い切る自信が一歩なかったからである．

　しかしやはり問題（＝価値）意識のレベルにおいていわゆる「戦中の問題意識」が，私には体験的に理解出来なかったというのが基本的な原因だと思う．とりわけ『共同体の基礎理論』（1955年）が出版されて多くの研究者がこの問題に飛びついた時，私はもはや一種の苛立ちを禁じ得なかった．大塚史学はイギリスを美化しているということは今では余りに多くの人により指摘され，聞き飽きたような批判だが，私は二者択一を迫られればこの批判を支持せざるを

あとがき

得ない.

　ところが，私は周りの人から専ら大塚学派の一人であると見做されてきた．私の不用意な発言が誤解されたのか，東大を出て大塚ゼミの出身であると考えている学生がいることを知った時は驚いた．恐らく私の講義の内容が一橋の伝統的なそれと余りに異質に映ったからだと思う．またある書物に西洋経済史の研究史を執筆した時は，某先学から大塚史学を高く評価し過ぎていると態々お叱りの葉書を頂いた．おおよそ，ものを書くようになって以来，私は日本における学問的風土というものについて考えることを強いられながら今日に至っている．

　先生の学問に対する評価，あるいは批判は様々であると思う．比較経済史的視野を提起されたのも大きな特徴である．しかし何と言っても，今さら私が言うまでもなく，先生の学問の最大の特色は経済史の中に経済主体の問題を導入したことであろう．私はここで別の出発点から同じ問題にたどり着いていったJ.シュンペーターに思いを致さないわけにはいかない．と同時に，私はまた「すべてを理解するということはすべてを許すことである」という彼の生活態度の中にも，大塚先生の姿を見出してしまうのである．先生は常に伝道者的な信念を持って自説を語られたが，やはりあのヴェーバーの「社会科学における客観性」の末尾を飾る一説を，広義において受け入れておられたと私は理解している．

　最近，超国家企業のバランス・シートの分析と取り組み「専門バカ」の極致に達した私であるが，先生の提起された問題だけは生涯受け止めていきたいと思う．

　ところで40代の中頃，文部省の長期留学生として2年間ロンドン・スクールに留学し，シャーロット・エリクソン先生の下で勉強を続けたが，昨年下さった先生のクリスマスカードでは81歳の今もお元気でご活躍されておられるとのことである．先生は史料の利用や着眼点が的確であった．例えば，メリヤス業者の系譜を辿った研究成果等でも明らかなように，史料に対する目の付け所が実に冴えていたのである．本書にも利用された史料はこの時先生からご指導頂

いたものである．

　ところで本書は筆者の積年の友人である学習院大学教授湯沢威氏が9月に還暦を迎えられるのを祝して上梓されるものでもある．付言すれば，同氏が1994年にロンドンの老舗 Routledge から出版して下さった Japanese Business Success に対して何らかのお礼をすべきだと思い，結局到達した点は拙著を氏の還暦の年に上梓して氏に捧げるということであった．同時にそれは次の学兄，つまり掲載順に Geoffrey Jones，和田一夫，米倉誠一郎，鈴木恒夫，安部悦生，後藤伸，済藤友明，中島俊克，米山高生，西川登，西沢保の諸氏にも同時に拙著を捧げることをお許し頂きたい．

　更に私の奉職する明星大学情報学部及び諸先学に対して感謝の意を表したい．雑用もせず，経営史研究に打ち込める時間をお許し下さり，私の体調を考えてご配慮下さる明星大学に対してただ感謝の言葉あるのみである．

　ここで更にお礼を申さねばならないのは，武蔵大学の日高千景氏に対してである．氏が最近お書き下さった『経営史学』第34巻第1号に掲載された『東西紡績経営史』の書評ばかりでなく，いろいろなことでもお世話になったことに対し御礼申し上げたい．また，前著でふれなかったが，以前邦訳その他でお世話になった鈴木俊夫氏，安部悦生氏，西川登氏にもこの場をおかりして厚く御礼申し上げたい．

　最後になりましたが，学術書の出版が困難な折，本書を出版する機会を与えて下さった日本経済評論社社長，栗原哲也氏，校正と出版にご尽力頂いた編集部，谷口京延氏には心から御礼を申し上げたい．また私事ながら拙者の上梓が可能となったのは，重病後筆者を支えてくれた妻容子のお陰であることもつけ加えておきたい．

　　　1999年11月14日　国立の自宅にて

　　　　　　　　　　　　　　　　　　　　　　　　　　　　米川伸一

初出一覧

第1章　紡績企業成長の国際比較（『社会経済史学』第47巻第5号，1982年）
第2章　戦前期三大紡績企業における学卒職員——設問・資料提示・解説の形式で——
　　　　（『一橋論叢』第109巻第5号，1993年）
第3章　綿業研究における史料的アプローチ
　第1節　「ブルーブック」の周辺（『學鐙』vol.67，No.5，1972年）
　第2節　イギリス公文書館の企業資料（『経営と歴史』3，日本経営史研究所，1981年）
　第3節　英文の資料館——綿業史料を求めて——（『地域史研究——尼崎市史研究紀要——』第5巻第3号，1976年）
　第4節　営業報告書の周辺（『學鐙』vol.78，No.3，1981年）
　第5節　制度の移転と転型——株式会社の形成を中心として——（『書斎の窓』No.286，1979年）
第4章　ランカシャ紡績企業の定款・営業概観（1900～1920年）及び清算人報告書（『明星大学研究紀要』第6号，1998年）
第5章　ランカシャ紡績企業13社の清算人報告書（『明星大学研究紀要』第7号，1999年）
第6章　1875年～1885年に登記された7紡績企業のライフヒストリー——倒産時の負債をみる——（『一橋論叢』第120巻第5号，1998年）
第7章　1907年に登記された8紡績企業のライフヒストリー——倒産時の負債とともに——（『一橋論叢』第121巻第5号，1999年）
第8章　ランカシャ9紡績企業の解散時負債（『一橋論叢』第122巻第5号，1999年）

索　引

ア行

アイウェルバンク（Iwellbank C. S. C.）
　　………………………………144, 146
アイ・シー・アイ（I. C. I.）………72, 89
アイリス（Iris C. S. C.）…………187, 198
アークライト（Arkwright C. S. C.）
　　………………………………158-161
アスレイ（Astley Mills）……………162, 163
アストレイ（Astley C.S.C.）……179, 183
アーメダバード（Ahmedabad）………15, 17
アメリカ会計士協会（American
　　Association of Accountants' Society）……91
アメリカン・タバコ…………………………90
アモスキーグ（Amoskeag）……13, 14, 23,
　　25, 27, 29, 30
アール（Earl Mill）………………164-166
アンカー（Anchor C. S. C.）………177, 183
イギリスカタン糸会社（English
　　Sewing Company Limited）………73, 77
イングランド銀行………………………93
インド……5, 15, 17, 19, 22-29, 31, 34, 93,
　　97, 114
ヴァーノン（Vernon C. S. C.）…205, 218
ウィザム（Whitham）…………………139
ウィリアム・ディーコン銀行……117, 118,
　　126, 128, 145, 155, 159, 162
ウインザー（Windsor）…………………108
ウェスティングハウス…………………90
ウェールズ図書館（National
　　Library of Wales）………………74
ウォラル紡織（綿業）要覧…6, 11, 22, 30
ウッド（W. H. Wood）…………………147
ウッドストック（Woodstock C. S. C.）
　　………………………………136, 137
営業報告書……………………………86-92
エクイタブル（Equitable C. S. C.）
　　………………………………169, 183
エクイタブル（Equitable）協同組合…143
エルム（Elm. C. S. C.）…………………123
王立委員会（Royal Commissions）……68, 69
オーブ（Orb C. S. C.）……………194, 198
オルダム（Oldham）　7, 10, 75, 76, 78, 82,
　　85, 86, 102, 106, 108, 109, 111, 132,
　　133, 139, 143, 144, 147, 170, 172, 173,
　　178, 179, 182, 186, 188, 192-195, 204,
　　207, 208, 212, 215-217
オルダム（J. M. Oldham Ltd.）………188
オルダム・イクイタブル
　　（Oldham Equitable）協同組合………194
オルダム・エスタート社
　　（Oldham Estate Company）…………164
オルム・リング（Orme Ring Mill）…138, 139

カ行

会期限委員会（Sessional Committees）
　　……………………………………68
会社法（Campanies Act）…2, 3, 72, 80, 88,
　　94-97
会社法（インド）（Indian

Companies Act) ……………97
学卒職員 …………36, 37, 49, 53, 60-62
ガートサイト（Edmund Gartside）……127
鐘淵紡 …18-21, 23, 25, 27, 29, 31, 34, 36, 37, 39, 40, 49, 50, 52, 60-62
株式会社 ………………93, 96
カルテル ………………105
議会関係史料リスト………69
企業局（Campanies House）……80, 81
企業者企業（entrepreneurial enterprise）………62
企業史料 ………70, 72, 81
企業登記所（Company Registration Office）
　………11, 12, 131, 132, 168, 169, 187, 198, 214
企業売却 ………112, 113
菊池泰三 ………46, 61
キャスル（Castle C. S. C.）……211, 219
キャリコ・プリンター………73
ギルドホール図書館………74
クラウフォード（Crawford C. S. C.）
　………116, 117, 131
グラドストゥン（Gladstone C. S. C.）
　………173, 183
クロウシェイ………74
クロシーズ&ウインクワース
　（Crosses & Winkworth）……9, 11, 23, 25, 29, 30, 32
クロンプトン（A. & A. Crompton）
　………10, 12
経営史の手法………2
経営者企業（managerial enterprise）……62
経営者組織（top management organization）
　………93, 97
経営代理制度（Managing agency system）

………97
経営代理人 ………15, 16
経営秘密主義 ………70, 71, 76, 87, 88, 89
慶応義塾 ………60, 62
減資（lost capital）138, 150, 171, 173-175, 177, 179, 182, 188, 203-205
ケント（Kent C. S. C.）………187, 188, 193, 198
原綿 ………104-106, 108, 110, 113, 114, 210, 213
公開株式会社 ………3, 9, 15, 89, 90, 93, 95, 96
ゴーデン・ミル（Gooden Mill）………190
合同特別委員会（Joint Select Committees）…67
合同紡績企業（Amalgamated Cotton Mill Trust）………9, 11, 30, 111
国立公文書館………73
コートルズ社………194
近藤紡………213
コンバインド・イジプシャン・ミルズ
　（Combined Egyptian Mills Ltd.）……9, 11

サ行

在庫品 …107, 117, 124, 128, 129, 140, 148, 149, 152, 155, 159, 165
再組織（reorganization）………115, 140, 179, 187, 197, 216
サスーン・ユナイテッド（E. D. Sassoon United）………15, 16, 31
サンキ委員会………70
産業委員会（Industrial Commission）……91
サン・ミル（Sun Mill）100, 108, 131, 132, 136, 186
ジィー・イー（G. E）………90
シェル・トランスポート………89

索　引

ジェレミー（D. Jeremy）……………85, 188
私企業（私会社）（Private Company）…2, 9, 10, 11, 71, 77, 89, 96, 168, 172, 174, 177, 202, 213
資産再評価…100, 113, 168, 174, 176, 183, 186, 187, 192, 193, 195-199, 203-205, 209-212
地主的・金利生活者的価値体系…………71
資本論………………………………………95
ジャーディン・マティソン商会…………74
ジャーナル・オブ・ビジネス・アーカイヴズ（Journal of Business Archives）………72
シャーレイ・インスティテュート（Shirley Institute）………………………………76
州立公文書館（County Record Office）…73
シュンペーター……………………………3
証券法（Securities Act）…………………91
ジョン・ライランド図書館………………73
史料調査委員会（Historical Manuscript Commission）…………68, 72
シルヴィア，P. ……………………85, 86
新聞図書館（Newspaper Library）……80, 81, 82
スコット（J. Scott）……………………177
ストライキ…………………………108, 113
ストーンハウス（Stonehouse）・トラスト
　……………………………………………217
スモールブルーク（Smallbrook Mill）
　………………………………127-129, 131
スワン・レイン（Swan Lane）…9, 30, 32
生産の技術費用……………………………5
生産の経営費用……………………………5
政府部局委員会（Departmental Committees）
　……………………………………68, 69
世界紡錘数…………………………………7

戦争……………………………………109, 114
操業短縮…………………………………102-105

タ行

ダイアモンド・マッチ……………………90
第1次世界大戦………………10, 18, 90, 91
貸借対照表（balance sheet）80, 81, 88-90, 102, 103, 106, 108, 115, 117, 118, 120, 123, 124, 128, 129, 139, 147, 148, 151, 154, 159, 160, 165, 168, 177, 186, 196
第2次紡績企業設立ブーム（1904～07）
　………………………143, 153, 188, 214, 215
大日本紡………20, 21, 31, 34, 37, 39, 46, 49, 51, 60, 61
大不況委員会……………………………70
タイムズ（Times Mill）…………119-121, 131
チータム（Cheethams, Ltd.）………146-149
チャドウィク，H.（Henry Chadwick）…216
チャンドラー（A. D. Chandler, Jr.）
　……………………………………62, 90, 91
中央公文書館（Public Record Office）…11, 12, 119, 121, 123, 126, 130, 138, 142-144, 149, 153, 157, 162, 164, 166, 187
都築紡………………………………………213
提出要請付報告書（Command Papers）…68
ディストリクト銀行…141, 152, 178, 206, 217, 219
転換企業（converted company）…168, 173, 174, 176
登記ブーム…………100, 101, 168, 169, 212
トゥタル（Tootal Company Ltd.）………77
東洋紡…20, 21, 31, 38, 39, 42, 49, 51, 53, 56, 60
特別委員会（Select Committees）……67-70
ドッカム綿業要覧（Dockham's Directory）

・・・6, 14
トーハム (Thorham) ・・・・・・・・・・・・・・・・・・・・・・101
取締役 ・・・93-97, 101, 112, 116, 120, 127,
　132-134, 136-139, 143-147, 149, 150,
　153, 154, 158, 159, 162-165, 169-182,
　187-197, 202, 212
取締役の年俸報酬 ・・・101, 134, 137, 145, 170,
　175, 176, 178, 180, 181, 189, 191, 193,
　195, 197, 205, 207
トレント (Trent Mill, Ltd.) ・・・・・・・・153-155
トング・ヴァリ (Tong Valley C. S. C.)
　・・・・・・・・・・・・・・・・・・・・・・・・・・・・・・・・・・・・・204, 218

ナ行

ナショナル・ビスケット ・・・・・・・・・・・・・・・・・・・・90
ナショナル・レジスター (National Register)
　・・72
二分法 ・・・・・・・・・・・・・・・・・・・・・・・・・・・・・・・・・・・・109
ニュー・イングランド・・・5, 8, 12, 13, 82, 84
ニュートン・ムア (Newton Moor
　C. S. C.) ・・・・・・・・・・・・・・・・・・・・・・・・・・・・・・180
ニュービー (Newby C. S. C.) ・・・・・・123-126,
　131
ニュー・ベッドフォード (New Bedford)
　・・82
ネイピア (Napier Mill Ltd.) ・・・・・・142, 143

ハ行

パイン (Pine) ・・・・・・・・・・・・・・・・・・・・・・・・・・・111
ハーヴァード供託図書館 (Harvard Deposit
　Library) ・・・・・・・・・・・・・・・・・・・・・・・・・・・・・・・83
バウンダリィ (Boundary C. S. C.) ・・・171,
　183
ハザーショウ (Hathershaw) 紡織工場
　・・・・・・・・・・・・・・・・・・・・・・・・・・・・・・・・・・・188, 212

バーズレー (Bardsley) ・・・・・・・・・・・・・・・・139
バックレッグ & テーラー
　(Buckleg & Taylor) ・・・・・・・・・・・・・・・・143
バトクリフ, T. (Tom Batcliff) ・・・・・・・・143
パートナーシップ ・・・・・・・・・・・・・・8, 14, 23,
　24, 26, 71, 87, 94
パーマー (Parmer C. S. C.) ・・・・・・133, 134
ハマーズリー (Hammersley) ・・・・・・・・・・・217
パール・ミル (Pearl Mlll)・・・・・・・・・・・・・・134
繁栄の年 ・・・・・・・・・・・・・・・・・・・・・・・・・・106, 115
比較経営史・・・・・・・・・・・・・・・・・・・・・・・・・・・・・・・・92
ヒギン・ショー・ミル (Higgin Shaw Mlll)
　・・・190
ファイン・コットン・スピナーズ & ダブ
　ラーズ・アソシエーション (Fine Cotton
　Spinners' & Doublers' Association) ・・・・・・5,
　24, 29, 30, 32
ファーズ・ミル (Firs Mill) ・・・・・・・・・・・173
ファーニー (D.A.Farnie) ・・・・・・・11, 12, 73
ファーン (Fern C. S. C.) ・・・・・・・181, 183
フォード, P. (P.Ford) ・・・・・・・・・・・・・・・・・69
フォール・リヴァ (Fall River) ・・・・・・12, 14,
　25, 26, 27, 29, 30, 82, 85, 86
フォール・リヴァ「歴史協会」(Fall
　River Historical Society) ・・・・・・・・・84, 85
複数事業所企業 ・・・・・・・・・・・・・・・・・・・・・13, 18
ブライアフィールド (Brierfield C. S. C.)
　・・・・・・・・・・・・・・・・・・・・・・・・・・・・・・・・・・・・215, 221
プラッツ社 ・・・・・・・・・・・・・・・・・・・・・・・・73, 189
ブリアー・ミル (Briar Mill) ・・・・・・・・・・187
ブリティシュ・コットン協会 ・・・・・・・・・・・163
プリンス・オブ・ウェールズ
　(Prince of Wales Spinning Co., Ltd.) 122, 131
ブルー・ブック ・・・・・・・・・・・・・・・・・・・・・66-70
プレストン (Preston C. S. C. & Manuf C.)

索　引

..................202, 218
フレチャー, A. (Albert Flecher) 150
フレチャー, J. (J. Flecher) 150
ブンティング (J. Bunting) ...120, 187, 197
フォード, P. 69
ベイカー図書館 (Baker Library) ...83, 84, 86, 87, 89
ヘーグ (T. S. Hague) 192
報告書 (Returns) 68, 69
紡績企業成長の尺度 3
紡績企業設立ブーム 4, 14, 15, 18, 132, 136, 175, 190, 214, 215
紡績不況 136
紡織統合経営 12
ホップウッド, W. (William Hopwood) 145, 154
ボーデン (R. または M. C. D. Borden) 12, 13
ホー・ブリッジ (Howe Bridge) 9, 25, 27, 29, 30
ホリー (Jeremia Hoyle) 9, 10, 32, 154
ボルトン (Bolton) 25, 27, 32, 75, 78, 82
ボールトン・ユニオン (Bolton Union C. S. C.) 134
ホロックス & クロウドソン (Horrockses & Crewdson) 9, 10, 25, 27, 29, 30, 32, 73, 79, 111
ホワイト・ペーパー (White Paper) ...67
ホワイトランド・ツイスト (Whitland Twist C. S. C.) 149-151, 152
ボンベイ (Bombay) 15-17, 22, 28, 31, 97, 114
ボンベイ・ダイング (Bombay Dyeing) 16, 17, 34

マ行

マクミラン・リポート 69
マザー・レイン (Mather lane C. S. C.) 175, 183
マーシュ (T. R. Marsh) 175
マナ (Manor C. S. C.) 216, 217, 219
マルバラ (Marborough Mill) 187
マンチェスタ綿花協会 117
マンチェスタ & リヴァプール ディストリクト銀行 (Manchester & Liverpool District Bank) →ディストリクト銀行を見よ
マンチェスタ商工会議所議事録 77
マンチェスター市立図書館 ... 73, 77, 78
三重紡 19, 20, 23, 25, 27, 29
ミドランド銀行 120, 122, 137, 143, 144, 147, 163, 165, 170, 172, 180, 183, 192, 198, 203, 210, 215, 216, 219
ミネルバ (Minerva C. S. C.) 209, 219
武藤山治 16, 17, 62
メリマック峡谷織物縛物館 (Merrimack Valley Textile Museum) 84, 85
綿花市場 104, 114
モス・レーン (Moss Lane) 100

ヤ行

U.S.スティール 90
有限責任法 94

ラ行

ラー, J. (John Lergh) 191
ラトランド (Rutland C. S. C.) ...196, 198
ラバーハム (Laburham) 9
ラム (Ram C. S. C.) 191, 198

ランカシャ・コットン・コーポレイション（Lancashire Cotton Corporation）…9, 32, 63, 125, 126, 140, 141, 144, 152, 194, 203-205, 207, 218, 219

ランカシャ州立図書館（Lancashire Record Office）……78

リージェント・ミル（Regent Mill）…215, 219

ロイトン・リング（Royton Ring C. S. C.）……193, 198, 199

6大紡……18

ロチデイル・エクイタブル（Rochdale Equitable）協同組合……158

ロッチデイル（Rochdale C. S. C.）……207, 218

ロンドン・シティ銀行（London City Bank）……148

ローン…109, 143, 150, 151, 160, 161, 165, 175, 188, 189, 195, 196, 198, 203, 218

ワ行

ワイドナー図書館……89

ワイ・ミル（Wye Mill）……187

ワトソン，T.（Thomas Watson）……158

【執筆者略歴】

米川伸一（よねかわ　しんいち）
- 1931年　東京都に生まれる
- 1956年　一橋大学経済学部卒業
- 1961年　一橋大学経済学博士
- 同　年　一橋大学商学部専任講師
- 　　　　同助教授　教授をへて
- 1994年　一橋大学名誉教授
- 同　年　明星大学情報学部教授
- 1999年　11月18日死去

（主要著書）
- 『ロイヤル・ダッチ・シェル』東洋経済新報社，1969年
- 『イギリス地域史研究序説』未来社，1972年
- 『経営史学』東洋経済新報社，1973年
- 『現代イギリス経済形成史』未来社，1992年
- 『紡績業の比較経営史研究』有斐閣，1994年
- 『東西紡績経営史』同文舘，1997年
- 『東西繊維経営史』同文舘，1998年

紡績企業の破産と負債

2000年3月15日　第1刷発行　　　　　　定価（本体4500円＋税）

著　者　米　川　伸　一
発行者　栗　原　哲　也
発行所　㈱　日本経済評論社

〒101-0051　東京都千代田区神田神保町3-2
電話 03-3230-1661　FAX 03-3265-2993
E-mail: nikkeihyo@ma4.justnet.ne.jp
URL: http://www.nikkeihyo.co.jp

版下：ワニプラン
印刷・製本：中央精版
装幀＊渡辺美知子

乱丁落丁はお取替えいたします　　　　Printed in Japan
©YONEKAWA Shinichi 2000
ISBN4-8188-1185-8
Ⓡ〈日本複写権センター委託出版物〉
本書の全部または一部を無断で複写複製（コピー）することは、著作権法上での例外を除き、禁じられています。本書からの複写を希望される場合は、日本複写権センター（03-3401-2382)にご連絡下さい。

鉄道史叢書④　湯沢　威著

イギリス鉄道経営史

A5判　四八〇〇円

鉄道発祥の地、イギリスにおける鉄道業の発達について、建設・運転・企業経営・組織管理等により体系的に分析し、鉄道がイギリス経済に果たした機能と役割を明らかにする。

鈴木俊夫著

金融恐慌とイギリス銀行業
―ガーニィ商会の経営破綻―

A5判　五六〇〇円

イングランド銀行に次ぐ巨大金融機関ガーニィ商会の創業から崩壊までをヴィクトリア朝「バブル期」を背景に描く。一九世紀の事件、恐慌は今日にいかなる教訓を与えるのか。

デイヴィス、ウィルバーン編著　原田勝正・多田博一監訳

鉄路一七万マイルの興亡
―鉄道からみた帝国主義―

A5判　三二〇〇円

二〇世紀初頭までに欧米列強はアジア・アフリカへ競って鉄道を建設した。距離にして一七万マイル（二七万キロ）。そこには帝国側と植民地側のさまざまな駆け引きがあった。

D・R・ヘッドリク著　原田勝正・多田博一・老川慶喜訳

帝国の手先
―ヨーロッパ膨張と技術―

A5判　三二〇〇円

一九世紀ヨーロッパの帝国主義列強は、いかなる技術を用いてアジア、アフリカ進出を果たしたか。技術と帝国主義のかかわりを社会史の観点から克明に分析する。

関口尚志・梅津順一・道重一郎編

中産層文化と近代
―ダニエル・デフォーの世界から―

A5判　三二〇〇円

近代イギリスにおけるロンドン市民層の職業、生活、過程、消費、社会生活等の分析から中産層を解明する。米、独、スウェーデンとも比較する。

（価格は税抜）

日本経済評論社